当代中国
生态文明

段娟 著

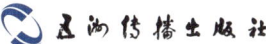

图书在版编目（CIP）数据

当代中国生态文明 / 段娟著 . -- 2 版 . -- 北京 ：五洲传播出版社，2019.8
（当代中国系列 / 武力主编）
ISBN 978-7-5085-4239-3

Ⅰ. ①当… Ⅱ. ①段… Ⅲ. ①生态环境建设－概况－中国 Ⅳ. ① X321.2

中国版本图书馆 CIP 数据核字 (2019) 第 137897 号

当代中国系列

主　　编 ：武　力
出 版 人 ：荆孝敏

当代中国生态文明

著　　者 ：段　娟
责任编辑 ：宋博雅
图片提供 ：视觉中国　中新社
封面设计 ：北京澜天文化传媒有限公司
内文制作 ：北京优品地带文化发展有限公司
出版发行 ：五洲传播出版社
地　　址 ：北京市北三环中路 31 号生产力大楼 B 座 6 层
邮　　编 ：100088
发行电话 ：010-82005927，010-82007837
网　　址 ：http://www.cicc.org.cn http://www.thatsbooks.com
印　　刷 ：中煤（北京）印务有限公司
版　　次 ：2021 年 9 月第 2 版第 2 次印刷
开　　本 ：710 毫米 ×1000 毫米　1/16
印　　张 ：10.75
字　　数 ：168 千字
定　　价 ：62.00 元

目 录

前　言

　　在人类经过了原始文明和农业文明时代之后，18 世纪开始的工业革命在带来生产力快速发展的同时，也导致了严重的环境污染和生态破坏问题。气候变暖、臭氧层破坏、生物多样性减少、酸雨蔓延、森林锐减、土地荒漠化、大气污染、水体污染、海洋污染、固体废物污染这些生态危机已成为威胁人类生存和发展的"全球十大环境问题"。2017 年第三届联合国环境大会上，联合国环境规划署的报告指出，环境恶化导致全世界每年 1260 万人死亡，占全球每年死亡人口的 1/4。污染造成的福利损失估计每年超过 4.6 万亿美元，相当于全球经济产出的 6.2%。2019 年，联合国环境规划署在第四届联合国环境大会上发布报告说，如果人类不能采取迅速行动保护环境，人类健康将受到日益严峻的威胁。2020 年 1 月，世界经济论坛发布的《2020 年全球风险报告》指出，未来 10 年的全球五大风险全部与环境相关。按照发生概率排序的前五位风险分别为：极端天气事件（如洪灾、暴风雨等）；气候变化缓和与调整措施失败；重大自然灾害（如地震、海啸、火山爆发、地磁风暴等）；重大生物多样性损失及生态系统崩溃；人为环境损害及灾难。

　　自然环境是人类生存、繁衍的物质基础，保护和改善自然环境是人类维护自身生存和发展的前提。面临资源紧缺、能源消耗、生态退化、环境污染的多重危机，世界各国纷纷出台多项绿色发展政策，如美国的"绿色新政"、英国的"低碳转换计划"、日本的"绿色经济与社会变革战略"、韩国的"绿色成长国家战略"、法国的"可再生能源计划"、德国的"生态工业战略"等。这些政策试图通过推动经济走上一条清洁和稳定的发展之路，以降低经济发展对于化石能源的高度依赖，遏制生态环境的退化。

中国也同样面临着严重的资源与环境问题。改革开放以来，中国经济飞速发展的同时，生态环境问题也日益凸显。资源浪费、能源减少、森林遭到砍伐、动植物数量锐减、环境污染、生态破坏等，都是生态环境为经济发展付出的代价。生态兴则文明兴，生态衰则文明衰。生态文明作为一种崭新的人类文明形态，是人类社会发展的新阶段和新境界。建设生态文明，是关系人民福祉、关乎民族未来的长远大计。拥有天蓝、地绿、水净的美好家园，是中华民族伟大复兴中国梦的重要组成部分。改革开放以来，中国先后出台一系列环境保护法律法规和政策措施，大幅增加环境保护投入，不断加强生态环境保护建设，持续推进环境污染治理，城乡居民生活环境得到明显改善。特别是2012年中共十八大以来，生态文明建设被纳入"五位一体"总体布局，绿色发展融入经济建设、政治建设、文化建设、社会建设各方面和全过程；"树立尊重自然、顺应自然、保护自然的生态文明理念，增强绿水青山就是金山银山的意识"写入党章；"十三五"（2016—2020）规划纲要确定的9项约束性指标和污染防治攻坚战阶段性目标任务超额圆满完成，蓝天、碧水、净土三大保卫战取得重要成效，生态保护和修复持续推进；绿色发展成为新时代最亮底色，美丽中国建设迈出坚实步伐，人民群众生态环境获得感显著增强，良好生态环境成为最普惠的民生福祉；中国坚持多边主义，秉持人类命运共同体理念，深度参与全球环境治理，已成为全球生态文明建设的重要参与者、贡献者、引领者。

中国生态文明建设的成就获得了国际社会的高度评价。2013年，联合国环境规划署第27次理事会通过了宣传中国生态文明理念的决定草案，中国生态文明的理论与实践在国际社会得到认同和支持。2016年，联合国环境规划署发布的《绿水青山就是金山银山：中国生态文明战略与行动》报告，肯定了中国将生态文明融入国家发展规划的做法和经验，向国际社会展示了中国建设生态文明、推动绿色发展的决心和成效。

2017年9月，联合国环境规划署发布《中国库布其生态财富评估报告》，把中国治沙经验树立为样板。2017年12月，在第三届联合国环境大会上，河北塞罕坝林场建设者荣获联合国环保最高荣誉"地球卫士奖"。中国生态文明建设对可持续发展理念进行了有益探索和具体实践，为其他国家应对类似的经济、环境和社会挑战提供了经验借鉴。2020年，英国《自然》杂志发表社论指出，中国规划出一条更绿色的发展前进之路，值得世界上其他国家借鉴。

"十四五"时期（2021—2025），中国迈进新发展阶段，但发展不平衡不充分问题仍然突出，环境保护与经济社会发展之间的长期矛盾和短期问题相互交织，生态环境保护结构性、根源性、趋势性压力总体上尚未根本缓解，促进经济社会发展全面绿色转型、实现生态环境保护与经济高质量发展的双赢还面临严峻挑战。中国将对照2035年广泛形成绿色生产生活方式、碳排放达峰后稳中有降、生态环境根本好转、美丽中国基本实现等远景目标，紧扣高质量发展主题，坚定不移贯彻新发展理念，坚持以生态优先、绿色发展为方向，大力推动形成绿色生产和生活方式，深入打好污染防治攻坚战，协同推动经济高质量发展和生态环境高水平保护，建设天蓝地绿水清的美好家园，不断满足人民日益增长的优美生态环境需要，努力实现生态文明建设新进步。

本书系统、客观地阐述了新中国成立以来生态文明建设的历程，生态文明建设面临的问题与挑战，绿水青山就是金山银山等生态文明理念，中国生态文明建设的路径、举措和成效，新发展阶段中国生态文明建设的目标任务与前景等，希冀让世界更清晰地了解中国特色生态文明建设道路。绿色发展改变中国，在国际社会上，中国已成为生态文明建设从概念到行动的一个典范。中国愿意与世界各国携手应对气候环境挑战，共同开拓绿色发展之路，共建万物和谐的美丽家园。

第一章

生态文明建设的历程、问题与挑战

面对各类环境污染事件，1973年，中国召开第一次全国环境保护会议，拉开了环境保护的序幕。1978年改革开放至今，中国在生态建设与环境保护领域作出不懈努力，建设美丽中国的战略部署逐步实施。但是，在取得成效的同时，生态文明建设也面临资源约束趋紧、环境污染严重、生态系统退化的严峻形势。回顾中国生态文明建设走过的历程和取得的成就，正视中国生态文明建设中的问题，有助于我们树立尊重自然、顺应自然、保护自然的生态文明理念，坚定不移地走绿色可持续发展之路。

新中国环境保护事业的起步（1949—1978）

　　1949 年新中国成立之初，工业生产水平极低，工业发展对生态环境的影响不大，经济建设与环境保护的矛盾较小。"一五"时期（1953—1957），环境保护工作的重点主要在植树造林、水土保持、城市基础设施建设、废弃物的综合利用、爱国卫生运动等方面。如 1950 年 5 月政务院发布的《关于全国林业工作的指示》规定：当前林业工作的方针是以普遍护林为主，严格禁止一切破坏森林的行为。1950 年 10 月，政务院发布的《关于治理淮河的决定》明确提出了"蓄泄兼筹"的方针和上中下游统筹兼顾、以防洪为主的原则，要求首先做到根除水患，同时结合灌溉、航运、发电的需要，逐步达到多目标的流域开发。1957 年，国务院颁发了《中华人民共和国水土保持暂行纲要》，对开展水土保持工作、合理利用水土资源、根治河流水害等作出相关规定。

　　从 20 世纪 50 年代中期开始，工业生产的迅速发展，特别是重工业的高速发展，带来了能源消耗高、工业用水多、工业"三废"污染环境等许多严重问题。尤其是"大跃进"时期，经济发展对环境造成了严重损害。在"大炼钢铁"和"大搞群众运动"方针的指导下，"村村冒烟""镇镇点火"，土高炉和其他"小土群"遍地开花。仅 1958 年下半年，各地就动员了数千万社员大炼钢铁和大办工业，建成了简陋的炼铁、炼钢炉 60 多万个，小煤窑 59000 多个，小电站 4000 多个，小水泥厂 9000 多个，农具修造厂 8 万多个。中国工业企业由 1957 年

"大跃进"时期，全民大炼钢铁。

的 17 万家猛增到 1959 年的 31 万多家。在工业布局上，人们不顾环境保护的要求任意布点，许多地方出现了烟雾弥漫、污水横流、渣滓遍地的局面。这一时期，对矿产资源的滥挖滥采也导致森林资源锐减，许多地方的地貌和景观遭受较大破坏。

1966 年"文化大革命"开始后，有利于环境保护的规章制度遭到批判，经济建设片面追求产值、强调数量，导致资源极大浪费和环境污染。在大办工业特别是"五小"（一般指小钢铁、小煤矿、小机械、小水泥、小化肥）工业的方针指导下，各地都搞"大而全""小而全"的工业体系，一些消费性城市实行变为生产性城市的方针，许多大中城市都建起了工业企业，工业建设布局混乱，又没有采取控制污染的措施，使城乡环境质量迅速恶化。同时，国家在"三线建设"中实行了"靠山、分散、进洞"的指导方针，深山峡谷中布局了许多排放有害物质的工厂，造成了严重的大气和水质污染。

20 世纪 60 年代中后期到 70 年代初，中国发生了大连湾污染、沈阳大气污染、官厅水库污染等大型污染事件。为遏制愈来愈严重的环境污染，中国成立了主管"三废"治理的环保机构，制定了《工业企业设计卫生标准》《生活饮用水卫生规程》《渔业用水水质标准》《工业"三废"排放试行标准》等"三废"污染治理文件和法规，开展"三废"治理和综合利用。同时，从中央到地方还开展了广泛的环境污染调查，为查清污染源和有计划的治理提供了科学依据。鉴于国内严重的环境污染状况和国外频繁发生的环境公害事件，1972 年，中国派代表团出席了有 100 多个国家参加的人类环境会议。1973 年，第一次全国环境保护会议在北京召开。会议确定了环境保护的 32 字工作方针，即"全面规划，合理布局，综合利用，化害为利，依靠群众，大家动手，保护环境，造福人民"。会议讨论通过了《关于保护和改善环境的若干规定（试行草案）》，制定了《关于加强全国环境监测工作意见》和《自然保护区暂行条例》。这次会议是新中国开创环境保护事业的第一个里程碑，会议期间制定的环境保护方针、政策和措施，为开创中国的环境保护事业指明了方向。

2017 年 8 月航拍的白洋淀部分水域

2021 年 2 月 15 日航拍的桂林漓江

1974 年，国务院环境保护领导小组成立，由计划、工业、农业、交通、水利、卫生等有关部委的领导组成，下设办公室。各省、市、自治区和国务院有关部委也陆续建立起环境管理机构以及环保科研、监测机构。随后，1974—1977 年间，《环境保护规划要点》《关于环境保护的 10 年规划意见》《关于编制环境保护长远规划的通知》《关于治理工业"三废"开展综合利用的几项规定》等文件相继下发。这一时期，中国主要对一些污染严重的工业企业、城市和江河进行了初步治理，如对北京、天津、沈阳、太原、兰州等城市开展了以点源治理为主的锅炉改造和安装除尘设备的消烟除尘工作，对蓟运河、富春江、白洋淀、官厅水库、湖北鸭儿湖、桂林漓江、渤海、黄海开展了污染调查工作等。中国的环境保护工作开始起步。

环境保护基本国策的确立与环保事业的发展（1978—1992）

1978年12月，中共十一届三中全会决定把党和国家的工作重点转移到社会主义现代化建设上来。这一具有深远意义的伟大转折把各项事业的发展推向前进，中国的环境保护事业也步入一个崭新的快速发展时期。1983年12月，第二次全国环境保护会议召开，会议宣布："环境保护，是中国现代化建设中的一项战略任务，是一项重大国策"，"国务院各部门、各级地方政府，都要把环境保护这件关系到我们的生存条件、关系到四化建设的基本国策，列入重要议事日程，认真负责地抓好"。为深入贯彻落实环境保护这一基本国策，第二次全国环境保护会议还提出了"三同步""三统一"的环境与发展战略方针，即经济建设、城乡建设、环境建设要同步规划、同步实施、同步发展，实现经济效益、社会效益、环境效益相统一。

随着环境保护作为基本国策重要地位的确立，环境保护的重要性日益显现，并逐步纳入国民经济和社会发展计划、规划之中。1985年9月，《中共中央关于制定国民经济和社会发展第七个五年计划的建议》提出要把改善生活环境作为提高城乡人民生活水平和生活质量的一项重要内容。1991年4月，《中华人民共和国国民经济和社会发展十年规划和第八个五年计划纲要》提出，要加强环境保护工作，合理开发、利用和保护自然资源，重点抓好大气、水、固体废物污染控制，防止和控制环境污染和生态环境的恶化。

这一时期，国家还出台了一系列环境保护政策法规，环境保护工作步入法制化轨道。1978年的《中华人民共和国宪法》第11条明确规定："国家保护环境和自然资源，防治污染和其他公害。"1979年，中国颁布了第一部环境保护基本法律——《中华人民共和国环境保护法（试行）》。1982年2月，国务院发布了《征收排污费暂行办法》。

1989 年 12 月，第七届全国人大常委会第十一次会议通过了《中华人民共和国环境保护法》（以下简称《环境保护法》），对于推进中国环境法体系的完备化发挥了重要作用。以《环境保护法》为基础，中国还先后颁布了《中华人民共和国水污染防治法》《中华人民共和国大气污染防治法》《中华人民共和国噪声污染防治法》《中华人民共和国固体废物污染环境防治法》《中华人民共和国海洋环境保护法》《中华人民共和国环境影响评价法》等多部环境保护实体法律。

同时，中国的环境管理制度化建设也不断推进。1989 年，第三次全国环境保护会议提出了中国环境管理要坚持预防为主、谁污染谁治理、强化环境管理三项政策以及环境保护目标责任制、城市环境综合整治定量考核、排放污染物许可证、污染集中控制和限期治理五项新的制度和措施，形成了中国环境管理的"八项制度"。为加强环境管理，推进环境法律制度的有效实施，国务院于 1984 年成立了国务院环境保护委员会，负责研究审定环境保护的方针、政策，领导和组织、协调全国的环境保护工作。1984—1997 年，国务院环境保护委员会共召开 37 次工作会议，研究审议了 80 多项涉及国家和地方重大环境问题的规划、政策、规定、条例、决定等。在国务院环境保护委员会的推动下，国务院一些部门、解放军和全国 22 个省、自治区、直辖市成立了环境保护委员会，初步形成了从中央到地方的环境管理体系，初步建立并逐步完善了环保政策和管理制度。

20 世纪 80 年代是中国改革和发展的时期，也是环境保护工作形势最好、发展最快的时期。在"三废"治理方面，据不完全统计，至 1985 年，在全国 10 万台污染严重的锅炉中，有 70% 以上进行了消烟除尘改造。1985—1990 年，工业烟尘和工业粉尘排放量由 2600 万吨下降到 2100 万吨，万元产值工业废水排放量由 310 吨下降到 180 吨。在城市环境综合整治方面，城市工业污染防治和城市基础设施建设都取得了较大进展。如北京市通过发展城市煤气、建设城市集中供热体

江苏盐城大丰自然保护区

系，缓解了城市大气煤烟型污染的问题。天津市实行污染企业搬迁，同时开展小电镀治理工作，还建立了全国首家最大的城市二级污水处理厂——日处理城市混合污水 26 万吨的纪庄子污水处理厂。这一时期，主要江河水系干流和主要海域的水质也基本保持良好状态；平原、沿海和"三北"地区的护林建设进展较快；全国已建立 480 多个自然保护区，约占国土面积的 2.5%；农村农药污染显著减轻。实践证明，中国实施的经济与环境协调发展的战略方针是适合中国国情的。在人口大量增长、工业高速发展、能源消耗大幅度上升的背景下，正是由于中国采取了正确的环境保护方针政策，才在一定程度上避免了"经济翻番，环境污染也翻番"的严重局面。

实施可持续发展战略（1992—2002）

20 世纪 90 年代，中国乃至全球经济高速发展带来的环境问题日益突出。1992 年 6 月 3 日至 14 日，联合国环境与发展大会通过了《里约环境与发展宣言》《21 世纪议程》和《关于森林问题的原则声明》，确立了以可持续发展思想为主导的一系列政策以及需要优先发展的重点领域。里约会议后，按照联合国环境与发展大会的精神，根据中国具体国情，1992 年 8 月，中国发布了《中国环境与发展十大对策》，实行可持续发展战略被列为十大对策之首。1994 年，中国政府在世界各国中率先公布了《中国 21 世纪议程——中国 21 世纪人口、环境与发展白皮书》，明确提出了中国可持续发展的战略与对策、主要目标和具体行动方案。议程指出，可持续发展的前提是发展，既要满足当代人的基本需求，又不危害子孙后代满足其需求的能力。中国现阶段必须保持较快的经济增长速度，并逐步改善增长的质量；谋求社会的可持续发展；加强环境保护。经济、社会发展要与资源与环境的承载能力相适应，才能逐步实现中国人口、经济、社会、资源与环境的协调发展。

这一时期，中国国民经济实现了持续、快速、健康发展。1992—

1998 年 4 月 25 日，由英国驻华大使馆和北京植物园共同举办的"我们的地球，我们的家"大型环境教育展览开幕。

1999 年 5 月 1 日，新疆环保志愿者在天池自然保护区开展环保活动。

2000 年，国内生产总值（GDP）由 26638 亿元增长到 89404 亿元；财政收入由 3483 亿元增加到 13395 亿元；城镇化水平由 27.6% 提高到 36.1%；工业固体废物排放量下降了 69.2%，综合利用率提高了 15.1%。1990—2000 年，万元国内生产总值能耗由 5.32 吨标准煤下降到 2.77 吨标准煤，煤炭消费量在一次能源消费中所占比重由 76.2% 下降到 68%。1997—2000 年，全国通过开发、整理和复垦增加耕地 164 万公顷（1 公顷 =0.01 平方千米），全国草原围栏面积达到 1500 万公顷。

建设资源节约型和环境友好型社会（2002—2012）

可持续发展战略明确提出后，实现经济建设与资源、环境的协调发展被摆上国家重要议事日程。2001 年 3 月，九届全国人大四次会议批准《中华人民共和国国民经济和社会发展第十个五年计划纲要》，强调要高度重视人口、资源、生态和环境问题，并提出了"十五"期间（2001—2005）可持续发展的主要预期目标：人口自然增长率控制在9‰以内，2005年全国总人口控制在13.3亿人以内；生态恶化趋势得到遏制，森林覆盖率提高到18.2%，城市建成区绿化覆盖率提高到35%；城乡环境质量改善，主要污染物排放总量比2000年减少10%，资源节约和保护取得明显成效。"十五"计划纲要为21世纪新阶段深入实施可持续发展战略指明了方向。

在实施可持续发展战略的过程中，中国生态环境建设取得了较大成就，但经济社会迅速发展和生态环境的矛盾依然突出。为了追求经济增长的高速度，一些地区往往不惜以牺牲环境为代价，造成了严重的环境污染和生态破坏。2001年，全国共发生1842次损失1000元以

2002年9月3日，在南非约翰内斯堡举行的可持续发展世界首脑会议上，中国上海获得由联合国颁发的"城市可持续发展贡献奖"。图为2002年的上海。

上的环境污染与破坏事故。其中，水污染与破坏事故 1096 起，废气污染与破坏事故 576 起。死亡 2 人，伤 185 人。农作物受害面积 2.2 万公顷，污染鱼塘 7338 公顷。

要解决伴随经济发展出现的严重的生态环境问题，必须调整经济结构，转变经济增长方式，高效利用资源，提高发展质量。2003 年，中共十六届三中全会正式提出了以人为本，全面、协调、可持续的科学发展观。2004 年，胡锦涛在中央人口资源环境工作座谈会上强调：要牢固树立以人为本的观念，切实为人民群众创造良好的生产生活环境；牢固树立节约资源的观念，建立资源节约型国民经济体系和资源节约型社会；牢固树立保护环境的观念，彻底改变以牺牲环境、破坏资源为代价的粗放型增长方式；牢固树立人与自然相和谐的观念，坚决禁止过度性放牧、掠夺性采矿、毁灭性砍伐等掠夺自然、破坏自然的做法。2005 年，中共十六届五中全会通过的《中共中央关于制定国民经济和社会发展第十一个五年规划的建议》提出：要把节约资源作为基本国策，发展循环经济，保护生态环境，加快建设资源节约型、环境友好型社会，促进经济发展与人口、资源、环境相协调。建立资源节约型、环境友好型社会，是中国共产党根据中国经济社会发展实际作出的战略决策，是落实科学发展观、全面建设小康社会的重大举措，对于实现中国经济社会的可持续发展具有重大战略意义。2007 年，胡锦涛在中共十七大上明确提出，要建设生态文明，基本形成节约能源资源和保护生态环境的产业结构、增长方式、消费模式。2010 年，中共十七届五中全会审议通过的《中共中央关于制定国民经济和社会发展第十二个五年规划的建议》中提出，要加快建设资源节约型、环境友好型社会，提高生态文明水平。

随着科学发展观的落实和生态文明建设的逐步推进，中国在循环经济发展、环保产业发展、节能减排和环境质量改善等方面都取得较大进展。中国能源产出率、水资源产出率、矿产资源总回收率、工业

2014 年 11 月，河北省迁安市已进入严寒冬季，在废弃矿山上建起的瑞阳生态农业大观园里却是一派生机盎然的景象。

固体废物综合利用率、工业用水重复利用率、主要再生资源回收利用总量，2010 年比 2005 年分别提高 24%、59%、5%、13.2%、10.6%、77.4%。"十一五"期间（2006—2010），中国能源消费弹性系数由"十五"时期的 1.04 下降到 0.59，节约能源 6.3 亿吨标准煤；中国二氧化硫和化学需氧量排放总量分别由"十五"后三年上升 32.3%、3.5% 转为下降 14.29%、12.45%，超额完成减排任务。2010 年相比 2005 年，环保重点城市二氧化硫年均浓度下降 26.3%，地表水国控断面劣五类水质比例由 27.4% 下降到 20.8%，七大水系国控断面好于三类水质比例由 41% 上升到 59.9%。

新时代生态文明建设迈向新台阶（2012年至今）

2012 年中共十八大以来，以习近平同志为核心的党中央站在坚持和发展中国特色社会主义、实现中华民族永续发展的战略高度，深刻总结人类文明发展规律，将生态文明建设纳入"五位一体"总体布局，提出了新发展理念，形成了习近平生态文明思想，"绿水青山就是金山银山"等生态文明理念成为全社会的共识和行动，生态文明建设取得显著成效，美丽中国建设迈出坚实步伐。

2012 年，中共十八大要求把生态文明建设放在突出地位，融入经

北京居庸关京张铁路，和谐号列车穿过花海。

2017年3月2日，四川犍为，游客乘坐蒸汽小火车畅游油菜花海。

济建设、政治建设、文化建设、社会建设各方面和全过程。2015年，中共十八届五中全会提出"创新、协调、绿色、开放、共享"五大发展理念。2017年，中共十九大把"美丽中国"作为建设社会主义现代化强国的重要目标，将"坚持人与自然和谐共生"作为新时代坚持和发展中国特色社会主义的基本方略之一。2018年，习近平在全国生态环境保护大会上提出了新时代推进生态文明建设必须坚持好的六大原则，即"坚持人与自然和谐共生""绿水青山就是金山银山""良好生态环境是最普惠的民生福祉""山水林田湖草是生命共同体""用最严格制度最严密法治保护生态环境""共谋全球生态文明建设"。这些系统科学的生态文明理念，为新时代环境治理和生态保护提供了思想指引。2020年，中共十九届五中全会坚持新发展理念、着眼推动高质量发展，进一步明确提出了到2035年"美丽中国建设目标基本实现"的远景目标和"十四五"时期（2021—2025）"生态文明建设实现新进步"的近期目标和任务，为推进生态文明建设、共筑美丽中国注入强大动力。

第十七届中国国际环保展览会（2019）上展示的含铜蚀刻液资源化制碱铜工艺模型

　　在新时代生态文明新思想新理念新战略的指引下，中国绿色低碳发展、环境治理、生态系统保护等都取得显著成就，得到国际社会的高度评价。"三北"防护林工程被联合国环境规划署确立为全球沙漠"生态经济示范区"；塞罕坝林场建设者、浙江省"千村示范、万村整治"工程先后荣获联合国环保最高荣誉"地球卫士奖"；全球从 2000 年到 2017 年新增的绿化面积中，约 1/4 来自中国，中国贡献比例居全球首位。这一系列"绿色奇迹"让世界刮目相看。中国雾霾天数越来越少，中国污染防治攻坚战取得的成效也越来越受国际社会瞩目。2019 年，联合国环境规划署在第四届联合国环境大会上积极评价了北京市改善空气质量取得的成效，认为北京大气污染治理为其他遭受空气污染困扰的城市提供了可借鉴的经验。联合国人类住区规划署（人居署）的报告指出，中国治理污染河道的成功经验为其他发展中国家提供了范例。中国清洁能源发展也得到国际社会的高度评价。美国自然资源保护委员会中国项目主任芭芭拉·费雯莉指出，中国已成为清洁能源技术研发、生产和应用的全球领军者，这些技术对于加强中国能源安全、保护人民身体健康、维护全球生态安全至关重要。德国能源观察集团主席汉斯表示，中国在风能、太阳能以及电动汽车等环保科技领域取得重大突破，环保工业生产水平已居全球领先地位。

生态文明建设面临的问题与挑战

随着人口增长和世界各国工业化进程的加快，人类对环境的影响急剧增大，人类的很多生产活动已经或正在引起全球环境变化。中国同样也面临着一系列生态环境问题。在经济持续快速发展中，中国农产品、工业品、服务产品的生产能力迅速增强，但提供优质生态产品的能力某种程度上却在减弱，一些地方生态环境还在恶化，生态环境保护依然面临压力和挑战。

2019 年 2 月 22 日，法国巴黎民众举行集会，呼吁政府采取紧急措施应对气候变化。

◎全球生态环境问题

当前，普遍引起全球关注的环境问题主要有：全球气候变化、酸雨污染、臭氧层耗损、有毒有害化学品和废物越境转移和扩散、生物多样性锐减、海洋污染等，还有发展中国家普遍存在的生态环境问题，如水污染和水资源短缺、土地退化、沙漠化、水土流失、森林减少等。

全球气候变化。2020年3月，联合国秘书长古特雷斯与世界气象组织（WMO）秘书长佩蒂瑞·塔拉斯在联合国新闻发布会上共同发布的《2019年全球气候状况声明》显示，2015—2019年是有记录以来最热的五年，2010—2019年是有记录以来最热的十年。2020年7月，世界气象组织发布的《未来五年全球气温预测评估》显示：未来五年，每年的全球年均气温都有可能比工业化前高1℃，全球一个或多个月份温度比工业化前温度水平高出1.5℃的概率接近70%，全球平均气温超过工业化前1.5℃的概率约为20%，并且这种概率正在随着时间

2009年12月1日，日本川崎一家工厂在排放浓烟。

2021 年 3 月 21 日，印度新德里，亚穆纳河污染问题日益严重。

推移逐渐增加。

大气污染。2017 年第三届联合国环境大会召开前，联合国环境规划署发布的全球空气污染的调查数据显示：空气污染是全球最大的环境健康风险，环境健康风险的财务成本占 GDP 的 5% 至 10%，其中空气污染所占比例最高。2020 年 10 月，美国健康影响研究所（HEI）发布的《2020 年全球空气状况报告》指出，2019 年，空气污染在全球主要死亡风险因素中排名第四位，导致近 675 万人早期死亡和 2.13 亿人年的健康生命损失。$PM_{2.5}$（细颗粒物）造成 414 万人死亡（1.18 亿人年的健康生命损失），室内空气污染造成 231 万人死亡，臭氧造成约 36.5 万人早期死亡。

水污染和水资源短缺。《2019 年世界水资源发展报告》指出，自 20 世纪 80 年代开始，由于人口增长、社会经济发展和消费模式变化等因素，全球用水量每年增长 1%。随着工业和社会用水的增加，到 2050 年全球需水量预计还将保持同样的增速，相比目前用水量将增加

20%—30%。将有超过 20 亿人生活在水资源严重短缺的国家，约 40 亿人每年至少有一个月的时间遭受严重缺水的困扰，且将会有 22 个国家面临严重的水压力风险。

土地退化、土壤污染、耕地资源不足。2015 年联合国发布的《世界土壤资源状况》重点论述了土壤功能面临的土壤侵蚀、土壤有机碳丧失、养分不平衡、土壤酸化、土壤污染等十大威胁。报告称，如不采取行动减少侵蚀，预计到 2050 年全球谷物总损失量将超过 2.53 亿吨，相当于减少了 150 万平方千米的作物生产面积或印度的几乎全部耕地。土壤污染不仅对农田生态系统造成危害，污染物中的重金属一旦进入土壤，将对环境造成长期性污染，而这些污染物最终又将通过食物环链进入人体，对人体健康造成极大危害。

森林资源减少。联合国粮农组织《2015 年全球森林资源评估报告》显示：20 世纪 90 年代，世界森林面积以年均 726.7 万公顷或 0.18% 的速度减少；21 世纪前 5 年每年以 457.2 万公顷或 0.11% 的速度减少，2006—2010 年每年以 341.4 万公顷或 0.08% 的速度持续缓慢减少；2010 年以后，森林减少速度放缓，但仍以年均 330.8 万公顷或 0.08%

2019 年 8 月 29 日，巴西马托格罗索州科尔尼扎，亚马孙雨林的大片森林被砍伐。

2021年5月18日，"消失中的世界——它们与我们的未来"濒危动物艺术摄影大型公益巡回展在云南省博物馆展出。

的速度在减少。联合国粮农组织发布的《2020年全球森林资源评估报告》指出，全球森林砍伐仍在继续，尽管速度有所放缓。自2015年以来，每年有1000万公顷林地被转换为其他用途，较之前5年的每年1200万公顷有所下降。

生物多样性丧失。2019年，生物多样性和生态系统服务政府间科学政策平台（IPBES）发布的《生物多样性和生态系统服务全球评估报告》显示，当前物种灭绝的速度达到了过去1000万年平均值的数十倍到数百倍以上，同时也是2000年前物种灭亡速度的1000倍以上。除了物种灭绝加速外，人类对自然资源的无节制掠夺，也进一步加速了物种的灭亡。如对于地球生物的天堂——热带雨林地区来说，人类的滥砍滥伐和过度开垦，导致热带雨林覆盖率已经从原来的80%减少为58%，而热带雨林中的物种也正在以每10年2%—10%的速度消亡。

2010 年 8 月 18 日，约 500 名英国演员在伦敦进行表演，呼吁人们关注由蜜蜂种群减少带来的全球环境危机。

面对全球环境危机，2020 年 12 月，联合国开发计划署发布的《2020 年人类发展报告》表明，在二氧化碳排放量以及为满足消费需求而开采的原材料总量这两大指标被纳入新的人类发展指数后，全球 50 多个国家因此而退出"高发展水平"国家序列。报告指出，新的人类发展指数为全球领导人敲响了警钟，如果不采取大胆措施减轻自然环境所承受的巨大压力，人类的发展将随之陷入停滞。2020 年，世界遭遇了新冠病毒肆虐、气候问题日趋严重等重大挫折，由碳密集型增长驱动的人类发展道路已经走到尽头，人类应当重新思考如何发展进步。对此，联合国开发计划署署长施泰纳强调，发展必须兼顾人类和地球的福祉，我们必须与大自然开展合作，而不是与之对抗。

◎ 中国生态环境保护面临的问题和挑战

中国也同样面临着严重的资源与环境问题。在改革开放初期，作为一个人口众多、资源短缺、人民生活水平相对低下的发展中国家，以经济建设为中心、摆脱贫困一直是中国的主要发展目标。然而，随着经济的持续增长，资源利用、能源消耗和废弃物排放也都在同步增长，资源、环境问题已经相当严峻。

气候变暖。中国是全球气候变化的敏感区和影响显著区。《中国气候变化蓝皮书（2020）》指出，1951—2019 年，中国年平均气温每 10 年升高 0.24℃，升温速率明显高于同期全球平均水平。20 世纪 90 年代中期以来，中国极端高温事件明显增多。2019 年，云南元江（43.1℃）等 64 站日最高气温达到或突破历史极值。

资源和能源消耗增加。2013 年，联合国环境规划署发布的报告指出，中国 2008 年消耗的原材料多达 226 亿吨，几乎占全球消耗总量的 1/3，远远高于 1970 年 17 亿吨的消耗量。与全球第二大资源消耗国美国相比，中国的资源消耗量是美国的 4 倍。2017 年 5 月，国家工信部节能与综合利用司代表在 2017 贵州数博会分论坛中国绿色数据

2021 年 6 月 18 日，江西省上饶市铅山县工业园区内，该县生态环境局执法人员正在对企业生产环境进行检测。

中心发展论坛上指出，2016 年全国能源消费总量达到了 43.6 亿吨标准煤，工业能耗占国内一次能源消耗的比重接近 70%。另外，中国工业大宗资源消耗量达到全世界的 90%，水资源消耗量约占 1/4，主要矿产资源对外依存度不断增加，资源保障和能源安全面临极大的挑战。

环境污染严峻。以空气污染为例，尽管中国在大气污染治理方面取得明显成效，但现阶段生态环境的改善总体上还是中低水平的提升。比如，$PM_{2.5}$ 的治理，是对照世卫组织过渡值第一阶段标准（35 微克 / 立方米），而且 337 个地级及以上城市仅有 62.9% 达标。除了 $PM_{2.5}$ 引发的环境污染外，近年来，中国大气臭氧污染呈加剧态势。2019 年，全国以臭氧为首要污染物的超标天数占总超标天数的 41.8%，仅次于占比 45% 的 $PM_{2.5}$。臭氧已成为继 $PM_{2.5}$ 后困扰城市空气质量改善和达标管理的一项重要污染物。

生态问题严峻。2017 年 2 月启动的全国生态状况变化（2010—2015 年）调查评估显示，受到工矿建设、资源开发、城镇和农田扩张等影响，中国生态空间被大量挤占、自然岸线和滨海湿地持续减少。同时，中国生态系统整体质量和稳定性状况也不容乐观。中国中度以

2017 年 2 月 17 日，一架飞机从济南某钢铁企业的高炉上飞过。因污染严重，政府要求该企业年内搬迁。

2017 年 10 月 23 日，中央财经领导小组办公室和环境保护部负责人介绍践行绿色发展理念、建设美丽中国有关情况。

上生态脆弱区域占全国陆地国土空间面积的 55%，其中极度脆弱区域占 9.7%，重度脆弱区域占 19.8%。各种生态资源总量不足、质量不高、功能不强，草原退化、湿地减少、物种灭绝、水土流失、风沙危害等生态问题严重。

当前，中国进入新发展阶段，在高质量发展背景下，中国生态文明建设仍处于压力叠加、负重前行的关键期，以重化工为主的产业结构、以煤为主的能源结构和以公路货运为主的运输结构没有根本改变，污染排放和生态破坏的严峻形势没有根本改变，生态环境事件多发频发的高风险态势没有根本改变。要实现与高质量发展相适应的高水平生态环境保护，中国需要继续砥砺前行，努力破解经济发展与环境保护的矛盾，推动经济结构绿色转型。

第二章 生态文明新思想新理念

　　生态文明建设是人类生存和发展的根基，在中国特色社会主义建设全局中占有重要地位。绿水青山就是金山银山等一系列生态文明新思想新理念，正在引导中国经济朝着更加绿色、可持续的方向发展，中国生态文明建设理念值得国际社会借鉴。2020年6月，联合国环境规划署执行主任英厄·安诺生在接受新华社记者专访时指出，世界可借鉴中国理念和经验，坚持绿色、可持续的发展道路。

坚持人与自然和谐共生

生态文明建设是关系中华民族永续发展的根本大计。中华民族向来尊重自然、热爱自然，绵延5000多年的中华文明孕育着丰富的生态文化。《荀子》中说："草木荣华滋硕之时，则斧斤不入山林，不夭其生，不绝其长也。"《孟子》中说："不违农时，谷不可胜食也；数罟不入洿池，鱼鳖不可胜食也；斧斤以时入山林，材木不可胜用也。"把自然生态同人类文明联系起来，顺应自然，追求天人合一，按照大

2014年，曾荣获生态环境"全球500佳"称号的江苏省泰州市河横村举办菜花节，农家舞龙队在田间竞技。

江西婺源县水环山绕的菊径村

自然规律活动，取之有时，用之有度，是中华民族自古以来处理人与自然关系时所坚持的理念，已深深植根于一代又一代中华儿女的心中。

人因自然而生，人与自然是一种共生关系，对自然的伤害最终会伤及人类自身。马克思曾指出，"不以伟大的自然规律为依据的人类计划，只会带来灾难。"恩格斯也曾说："我们每走一步都要记住：我们统治自然界，决不像征服者统治异族人那样，绝不是像站在自然界之外的人似的——相反地，我们连同我们的肉、血和头脑都是属于自然界和存在于自然之中的"；"我们不要过分陶醉于我们人类对自然界的胜利。对于每一次这样的胜利，自然界都对我们进行报复。"从历史上看，人类进入工业文明时代以来，传统工业化的迅猛发展也带来了沉重的资源环境代价。从 20 世纪 30 年代开始，一些西方国家相继发生多起环境公害事件，其中，比利时马斯河谷烟雾事件、美国洛杉矶光化学烟雾事件、美国多诺拉烟雾事件、伦敦烟雾事件以及日本的水俣病事件、四日市哮喘病事件、爱知米糠油事件、富山骨痛病事件并称为 20 世纪"世界八大环境公害事件"。中国工业化进程中

2017 年 11 月 29 日，海南万宁槟香种养专业合作社农户在槟榔地里养鸡。

也曾出现过一些生态破坏事件。2016 年 8 月，习近平在青海考察结束时，语重心长地说："据史料记载，丝绸之路、河西走廊一带曾经水草丰茂。由于毁林开荒、乱砍滥伐，致使这些地方生态环境遭到严重破坏。据反映，三江源地区有的县，三十多年前水草丰美，但由于人口超载、过度放牧、开山挖矿等原因，虽然获得过经济超速增长，但随之而来的是湖泊锐减、草场退化、沙化加剧、鼠害泛滥，最终牛羊无草可吃。"2019 年，习近平在中国北京世界园艺博览会开幕式上说："工业化进程创造了前所未有的物质财富，也产生了难以弥补的生态创伤。人类日益深刻认识到：杀鸡取卵、竭泽而渔的发展方式走到了尽头，顺应自然、保护生态的绿色发展昭示着未来"；"我们应该追求人与自然和谐。山峦层林尽染，平原蓝绿交融，城乡鸟语花香。这样的自然美景，既带给人们美的享受，也是人类走向未来的依托。无序开发、粗暴掠夺，人类定会遭到大自然的无情报复；合理利用、友好保护，人类必将获得大自然的慷慨回报。"

2020年，新冠肺炎疫情、澳洲大火、非洲蝗灾、菲律宾火山爆发、加拿大雪暴等天灾人祸接踵而至，这是自然对人类的警告。2020年4月22日第51个世界地球日的宣传主题"珍爱地球 人与自然和谐共生"，提醒人们要对自然怀有感恩之心和敬畏之心，珍爱地球给予我们的丰富自然资源。环境是我们人类赖以生存的基本空间。面临日益严峻的环境问题，人类必须坚持人与自然和谐共生，尊重自然、善待自然，像保护眼睛一样保护生态环境，像善待生命一样善待生态环境，正确地处理经济发展和资源、环境的关系，为子孙后代留下天蓝、地绿、水清的美好家园。

绿水青山就是金山银山

2005年8月，时任浙江省委书记习近平在浙江安吉余村考察时，首次提出了"绿水青山就是金山银山"的发展理念。2013年9月，习近平在哈萨克斯坦纳扎尔巴耶夫大学回答学生提问时，就"绿水青山

美丽的海南三沙晋卿岛

就是金山银山"进一步作出阐述："我们既要绿水青山，也要金山银山。宁要绿水青山，不要金山银山，而且绿水青山就是金山银山。"2017年10月，"必须树立和践行绿水青山就是金山银山的理念"被写进中共十九大报告；"增强绿水青山就是金山银山的意识"被写进新修订的《中国共产党章程》之中。

绿水青山就是金山银山的理念蕴藏着深邃的辩证思维和鲜明的价值取向。一方面，生态环境是支撑和维护生命系统的前提和基础，当经济发展和环境保护产生冲突时，不能以牺牲生态环境为代价换取经济发展。另一方面，绿水青山既是自然财富，又是社会财富和经济财富。随着生态环境质量的不断改善和承载力的稳步提升，通过发展生态产业，丰富的生态资源可以转化为高附加值的生态产品，可以说，保护生态环境就是保护生产力，改善生态环境就是发展生产力。2019年，习近平在中国北京世界园艺博览会开幕式上指出："我们应该追求绿色发展繁荣。绿色是大自然的底色。我一直讲，绿水青山就是金山银山，

2021年5月2日，游客在浙江省安吉县"荣耀天空之城"景区体验网红桥。

2021 年 4 月 5 日，浙江省四明山樱花绽放。退耕还林和道路两侧绿化美化后，美景吸引游客，游客带火农家经济，乡村美了，农民富了。

改善生态环境就是发展生产力。良好生态本身蕴含着无穷的经济价值，能够源源不断创造综合效益，实现经济社会可持续发展。"

如今，绿水青山就是金山银山理念已经成为全社会的共识和行动，一幅新时代的绿色画卷正在美丽中国铺展。当年的浙江安吉余村已成为人气很旺的 4A 级景区。被拆迁的水泥厂旧址复垦后变身五彩田园，村里流转的 500 多亩（1 亩 ≈ 666.67 平方米）土地成为油菜花田、荷花藕塘。2019 年，余村全村实现地区生产总值近 2.76 亿元，农民人均纯收入 49598 元，村级持有集体资产 2000 余万元，集体经济收入达 4521 万元。2020 年 3 月，习近平再回余村考察，讲了这样一段话："实践证明，经济发展不能以破坏生态为代价，生态本身就是经济，保护生态就是发展生产力。"

"绿水青山就是金山银山"理念在中国的实践还有很多生动案例。河北塞罕坝三代建设者接续努力，在一块曾经"黄沙遮天日，飞鸟无栖树"的荒漠沙地上，建成了世界上面积最大的人工林。多年来，塞罕坝林场通过大规模营造林活动，为当地提供了大量就业岗位，特别是森林旅游和绿化苗木等新兴林业产业的发展，带动了周边地区的乡村游、农家乐、养殖业、山野特产等相关产业的发展，为当地群众脱贫致富开辟了新途径。塞罕坝林场的实践就是对"绿水青山就是金山银山"理念的生动诠释。内蒙古库布其沙漠治理模式也是实践"绿水青山就是金山银山"理念的经典样本。库布其沙漠曾经是千年荒芜、寸草不生的死亡之海。在政府的大力支持下，在亿利资源集团员工坚持不懈的努力下，如今这片赤地千里的沙漠变成了"绿水青山"，变成了"生态银行"，给人类在荒漠化地区生活和发展带来了信心，为推进美丽中国建设作出了积极贡献。

"绿水青山就是金山银山"理念也得到国际社会的高度评价。2016 年 5 月，在第二届联合国环境大会上，联合国环境规划署发布了

2017 年 9 月 8 日，舞剧《库布其》在内蒙古鄂尔多斯市上演。该舞剧为《联合国防治荒漠化公约》第十三次缔约方大会的活动之一。

湖南省常宁市塔山瑶族乡蒲竹村的青山绿水

《绿水青山就是金山银山：中国生态文明战略与行动》报告。联合国副秘书长、环境规划署执行主任施泰纳表示，中国的生态文明建设是对可持续发展理念的有益探索和具体实践，为其他国家应对类似的经济、环境和社会挑战提供了经验借鉴。联合国环境规划署国际环境技术中心项目官员马赫什·普拉丹指出，生态环境就如同存储着绿色资本的银行，人们应当为未来存款，而不是将本息全部挥霍掉。2017年，在第三届联合国环境大会上，河北塞罕坝林场被授予联合国环境荣誉最高奖项——"地球卫士奖"。河北塞罕坝林场的获奖理由是：将茫茫荒原变成郁郁葱葱的林海。联合国环境规划署的官网上还发布了一段介绍塞罕坝人攻坚造林故事的视频。2018年，时任联合国副秘书长兼联合国环境规划署执行主任索尔海姆在考察浙江后说，"浙江之行让我对'绿水青山就是金山银山'理念有了更深刻的理解。余村通过削减落后产能，发展绿色产业，破解了保护环境与产业发展的难题。我希望中国倡导的宝贵理念能够更为广泛地传播。"2019年，第七届库布其国际沙漠论坛在"绿水青山就是金山银山"实践创新基地内蒙古库布其亿利生态示范区召开。联合国防治荒漠化公约执行秘书易卜拉欣·蒂奥指出，保护土地，是功在当代、造福千秋的事情。通过荒漠化防治，人类获得了更多的教育、就业以及商业机会，因此，全球都应该行动起来！

良好生态环境是最普惠的民生福祉

生态环境没有替代品，用之不觉，失之难存。随着人民生活水平的显著改善，人民群众对优美生态环境的需要日益增长。但是改革开放以来，中国经济发展在取得历史性成就的同时，也积累了大量生态环境问题。大气、水、土壤污染，生态系统的破坏等都是明显的短板，扭转环境恶化、提高环境质量成为广大人民群众的热切期盼。环境就

南京紫金山美龄宫

位于新疆博尔塔拉蒙古自治州的牧民利用附近山势，推行喷灌、滴灌技术，大面积种植苜蓿草，为牲畜冬季圈养准备草料，以减轻草场压力。

是民生，青山就是美丽，蓝天也是幸福。良好生态环境是最公平的公共产品，是最普惠的民生福祉。生态文明建设与人民群众的美好生活息息相关，保护生态环境是保障和改善民生的一项重要内容，以人民为中心的价值取向是推进生态文明建设的根本动力。习近平曾提出："环境治理是一个系统工程，必须作为重大民生实事紧紧抓在手上"；"对人的生存来说，金山银山固然重要，但绿水青山是人民幸福生活的重要内容，是金钱不能代替的。你挣到了钱，但空气、饮用水都不合格，哪有什么幸福可言"。

为了提供更多优质生态产品以满足人民日益增长的优美生态环境的需要，中国政府坚持以人民为中心的发展思想，坚持预防为主、综合治理，强化水、大气、土壤等污染防治，大力推进重点流域和区域水污染防治、重点行业和重点区域大气污染治理、重金属污染和土壤污染综合治理，集中力量解决细颗粒物、污水、有毒土壤、重金属、化学污染物等损害群众健康的突出环境问题，努力让老百姓呼吸上新鲜的空气、喝上干净的水、吃上放心的食物、生活在宜居的环境中，真实地感受到经济发展带来的实实在在的环境效益。中国政府还坚持绿色富国、绿色惠民的发展理念，实施生态保护和自然修复，提高植被覆盖率。近年来，人们发现中国城乡的蓝天越来越多，江河越来越清，城市越来越绿，环境越来越优美。蓝天白云、繁星闪烁；清水绿岸、鱼翔浅底；鸟语花香、田园如画……良好生态环境成为人民生活的增长点，老百姓吃得放心、住得安心，幸福感越来越强。

山水林田湖草是生命共同体

生态环境系统是一个复杂庞大、各元素相互交织的整体，环境治理需要整体谋划、通盘考虑。统筹山水林田湖草综合治理对人类健康生存与永续发展至关重要。2013年，习近平在中共十八届三中全会上

2021年4月18日，广东新会小鸟天堂国家湿地公园内白鹭飞舞。

2016 年 10 月 4 日，一列动车行驶在贵州省榕江县郊外田野高架桥上。

作关于《中共中央关于全面深化改革若干重大问题的决定》的说明时首次提出了"山水林田湖"生命共同体理念。他说："山水林田湖是一个生命共同体，人的命脉在田，田的命脉在水，水的命脉在山，山的命脉在土，土的命脉在树。用途管制和生态修复必须遵循自然规律，如果种树的只管种树、治水的只管治水、护田的单纯护田，很容易顾此失彼，最终造成生态的系统性破坏。"四年后，习近平在中央全面深化改革领导小组第三十七次会议上进一步提出"坚持山水林田湖草是一个生命共同体"，将"草"纳入生命共同体中，使生命共同体的内涵更为丰富和完整。2018 年，习近平在全国生态环境保护大会上提出了"山水林田湖草是生命共同体"等新时代推进生态文明建设必须

2016 年 11 月 30 日，重庆市山王坪喀斯特国家生态公园内的万亩林海五彩缤纷，美不胜收。

坚持好的六大原则。2019 年 2 月，习近平在《推动我国生态文明建设迈上新台阶》文章中对"山水林田湖草是生命共同体"理念作了深入阐述。他指出，"生态是统一的自然系统，是相互依存、紧密联系的有机链条。人的命脉在田，田的命脉在水，水的命脉在山，山的命脉在土，土的命脉在林和草，这个生命共同体是人类生存发展的物质基础。一定要算大账、算长远账、算整体账、算综合账，如果因小失大、顾此失彼，最终必然对生态环境造成系统性、长期性破坏"。2021年 3 月，《中华人民共和国国民经济和社会发展第十四个五年规划和2035 年远景目标纲要》中明确提出要"坚持山水林田湖草系统治理，着力提高生态系统自我修复能力和稳定性，守住自然生态安全边界，促进自然生态系统质量整体改善。"

　　长期以来，中国生态环境保护领域存在各自为政、九龙治水、多头治理等问题。"山水林田湖草是生命共同体"的系统思想，要求我们从系统工程和全局角度出发，通过统筹兼顾、整体施策，打通地上和地下、岸上和水里、陆地和海洋，对山水林田湖草进行统一保护、统一修复。"山水林田湖草"生命共同体理念阐述了人与自然之间的内在联系，表达了一种尊重生命的绿色价值观，揭示了山水林田湖草等生态要素之间相互依存、能量转化的和谐共生、动态平衡规律；从整体与部分、系统与要素的辩证关系角度，表明了山水林田湖草之间的合理配置和统筹优化对人类永续发展的重要意义，为推进绿色发展和美丽中国建设提供了行动指南。

在这一理念的指引下，中国政府全方位、全地域、全过程开展生态环境保护，具体措施包括：实施山水林田湖草生态保护和修复工程，全面提升了自然生态系统稳定性和生态服务功能；实施国土绿化工程，广泛开展植绿、增绿，形成了绿色安全的生产空间和优美和谐的生态空间；科学合理开发利用海洋资源，维护了海洋自然再生产能力；推动长江经济带发展走上了生态优先、绿色发展之路；坚持系统治理、

新疆维吾尔自治区博尔塔拉蒙古自治州境内的赛里木湖海西草原

源头治理，改善了黄河流域生态环境，促进了全流域高质量发展；实行能源和水资源消耗、建设用地等总量和强度双控行动，从源头上减少了污染物排放；划定草原"红线"，遏制了草原非法违法利用；整体谋划国土空间开发，科学布局生产空间、生活空间、生态空间，给自然留下了更多修复空间，给农业留下了更多良田；建立以国家公园为主体的自然保护地体系，保护了自然资源系统的原真性和完整性。

用最严格制度最严密法治保护生态环境

生态文明建设是涉及生产方式、生活方式、思维方式和价值观念的革命性变革。保护生态环境必须依靠制度、依靠法治。2015 年，中国政府出台《生态文明体制改革总体方案》，对生态文明领域改革作出了顶层设计和部署。2019 年，中共十九届四中全会作出《中共中央关于坚持和完善中国特色社会主义制度 推进国家治理体系和治理能力现代化若干重大问题的决定》，其中专设一章"坚持和完善生态文明制度体系，促进人与自然和谐共生"，为加快健全以生态环境治理体系和治理能力现代化为保障的生态文明制度体系提供了根本遵循和行动指南。

2012 年中共十八大以来，中国生态文明体制改革不断深化，生态文明领域国家治理体系和治理能力现代化水平明显提高。由自然资源资产产权制度、国土空间开发保护制度、空间规划体系、资源总量管理和全面节约制度、资源有偿使用和生态补偿制度、环境治理体系、环境治理和生态保护市场体系、生态文明绩效评价考核和责任追究制度等八项制度构成的主体框架基本确立；组建生态环境部，统一行使生态和城乡各类污染排放监管与行政执法职责；组建自然资源部，统一履行所有国土空间用途管制和生态保护修复职责；全面推行河长制、湖长制、林长制，守住了自然生态安全边界；推进环境法治建设，环

秦岭大熊猫野化培训基地里的大熊猫

境保护法、大气污染防治法、水污染防治法、环境影响评价法、环境保护税法及其实施条例等法律法规完成制定或修订。2015年，中国开始实施最严格的新环境保护法，维护群众合法环境权益。2018年，全国实施行政处罚案件18.6万件，罚款数额152.8亿元，比2017年上升32%，是新环境保护法实施前的2014年的4.8倍。

中国有很多关于用最严格制度最严密法治保护生态环境的事例。例如，在素有"国家绿肺"和"世界生物基因库"之称的陕西省秦岭地区曾经冒出了许许多多违建别墅，大片的森林绿地遭到人为破坏。中共十八大以来，在习近平总书记的多次批示指示下，秦岭北麓西安境内违建别墅问题得到纠正。2019年12月，为巩固近年来秦岭生态环境整治的成效，新修订的《陕西省秦岭生态环境保护条例》突出"严"和"责"，对监管责任、考核评价、责任追究、处罚标准作出更严格的规定，为地方政府和相关部门的监督管理拧紧了"螺丝帽"。

还有一起事例发生在江苏南京。2020年1月6日，江苏省南京市

广西北海滨海国家湿地公园的红树林郁郁葱葱。2018 年 9 月，广西出台了《广西壮族自治区红树林资源保护条例》，让红树林的保护有规可循。

中级人民法院公布了一起环境污染案件判决结果，开出了 5.2 亿元的高额罚单。2014 年 10 月至 2017 年 4 月期间，南京某水务公司在高浓度废水处理系统未运行的情况下，多次接收排污企业的高浓度废水，并利用暗管违法排放至长江。同时，该公司还人为篡改在线监测仪器数据，逃避环保部门监管，致使二期废水处理系统长期超标排放污水，造成生态环境损害达数亿元。给这家性质恶劣的企业开出"史上最高罚单"，体现了中国政府以严刑峻法来惩治环境污染行为的坚定决心。

共谋全球生态文明建设

当今世界环境格局正经历深刻的变革，全球范围内的水资源污染和短缺、自然灾害频发、大气污染等问题依旧严峻。面对生态环境挑战，人类是一荣俱荣、一损俱损的命运共同体，没有哪个国家能独善其身。世界各国应形成应对气候变化和保护生态环境的共识。习近平曾指出："唯有携手合作，我们才能有效应对气候变化、海洋污染、生物保护等全球性环境问题，实现联合国 2030 年可持续发展目标。"

在推进全球生态环境治理方面，中国认真落实生态环境相关多边公约或议定书，牵头建立"一带一路"绿色发展国际联盟，把"绿色发展之路"确定为"一带一路"倡议的重要内容。中国认真履行《联合国气候变化框架公约》和《巴黎协定》义务，如期实现提交给气变公约秘书处的自主贡献目标，彰显了应对全球气候变化的大国担当。中国努力推动生物多样性保护，已成功申请举办《生物多样性公约》第十五次缔约方大会，预定 2021 年 10 月在中国昆明举行，这将是联合国首次以"生态文明"为主题召开的全球性会议。中国在清洁和可再生能源的发展、碳排放交易市场的建设、煤炭行业的清洁生产和减排等方面深度参与，与各国一道共同打造绿色发展命运共同体，形成合作共赢的全球生态治理体系，共建清洁美丽的新世界。作为世界上最大的发展中国家，中国大力推进生态文明建设和生态环境保护，为全球环境治理作出巨大贡献，为共建清洁美丽的世界提供了中国智慧和中国方案。

2021 年 5 月 21 日，"大美神农架——中国画、摄影艺术邀请展"在湖北美术馆开展。

第三章　推动绿色低碳循环发展

　　积极应对气候变化、推进绿色低碳发展已成为全球共识和大势所趋。绿色低碳循环发展，是当今时代科技革命和产业变革的方向，是最有前途的发展领域。坚持绿色、低碳、循环发展理念，把握发展的主动权，就会为中国经济赢得更大的发展空间。

坚持走绿色低碳发展道路

绿色低碳发展注重发展过程中的资源能源节约与循环利用、环境治理与保护、减少温室气体的排放等，以期用最少的能源资源消耗，最低程度的生态环境破坏，来实现经济、社会的全面可持续发展。1978年改革开放以来，面对传统粗放的发展模式带来的资源环境问题，在积极应对全球气候变化的背景下，中国政府坚持节约资源和保护环境的基本国策，将能耗强度和碳强度下降作为约束性指标纳入国家经济社会发展的中长期规划，如在"十三五"（2016—2020）规划纲要

2021年6月11日，第十二届"绿色发展·低碳生活"主旨论坛在北京举行。

位于青海省海西州德令哈市的中控太阳能发电有限公司 10 兆瓦塔式熔盐光热电站

中明确提出了"单位 GDP 能源消耗降低 15%、单位 GDP 二氧化碳排放降低 18%、非化石能源占一次能源消费比重 2020 年达到 15%"等节能降耗和减少温室气体排放的约束性指标。

　　近年来，中国政府还在产业结构调整、能源结构优化、循环经济发展、低碳城市和低碳园区建设、绿色金融发展等方面积极探索和实践，加强了绿色低碳发展的相关制度建设，建立健全了绿色低碳发展的产业体系和能源体系，促进了二氧化碳排放强度的持续降低以及非化石能源消费比重的逐步提高，推动形成了绿色低碳的发展方式和生活方式，努力走出了一条具有中国特色的绿色低碳发展道路。2020 年，中国单位 GDP 二氧化碳排放比 2015 年下降 18.8%，超额完成"十三五"下降 18% 的目标。与 2005 年相比，中国单位 GDP 二氧化碳排放降低了约 48.4%，提前超额完成了 2009 年哥本哈根联合国气候大会上中国政府承诺的到 2020 年单位 GDP 二氧化碳排放下降 40% 至 45% 的目标。

　　随着二氧化碳排放快速增长的局面逐步扭转，中国应对气候变化、坚持走绿色低碳发展道路更有决心和雄心。2020 年 9 月，习近平在第 75 届联合国大会一般性辩论上指出，中国将提高国家自主贡献力度，采取更加有力的政策和措施，力争使二氧化碳排放于 2030 年前达到峰值，努力争取 2060 年前实现碳中和。2020 年 12 月，在应对气候变化《巴黎协定》达成 5 周年之际，习近平在联合国气候雄心峰会上进一步宣布：到 2030 年，中国单位国内生产总值二氧化碳排放将比 2005 年下降 65% 以上，非化石能源占一次能源消费比重将达到 25% 左右，森林蓄积量将比 2005 年增加 60 亿立方米，风电、太阳能发电总装机容量将达到 12 亿千瓦以上。这是中国对国际社会的承诺，表明中国在持续为减缓气候变化影响作贡献的基础上，按下了减碳的加速键。2021 年 3 月，"十四五"（2021—2025）规划纲要进一步明确提出，要落实 2030 年应对气候变化国家自主贡献目标，制定 2030 年前碳排放达峰行动方案。

构建绿色低碳产业体系

为加快转变经济发展方式，促进碳强度下降目标的完成，中国实施了淘汰落后产能、推动传统产业改造升级、扶持战略性新兴产业发展等产业结构调整战略，促进了低碳经济发展以及绿色低碳产业体系的完善和发展。

在淘汰落后产能和化解过剩产能方面，中国政府陆续出台了《国务院关于化解产能严重过剩矛盾的指导意见》（2013）、《关于推进供给侧结构性改革　防范化解煤电产能过剩风险的意见》（2017）、《关于做好重点领域化解过剩产能工作的通知》（2018—2020）等文件。围绕控增淘劣、提质增效、转型升级、低碳发展的目标，中国在化解落后产能、转变经济发展方式、深化供给侧结构性改革方面加大了力度。"十三五"期间，中国化解钢铁、煤炭过剩产能 1.7 亿吨和 10 亿

2012 年以来，内蒙古霍林河煤矿放弃了过去以环境为代价的粗犷式生产模式，遵循挖煤不见煤、煤从空中走的绿色发展理念，打造了一片绿色矿区。

吨，关停水泥产能 3 亿吨，压缩平板玻璃产能 1.5 亿重量箱。各地区在化解过剩产能方面成效也非常显著。"十三五"期间，陕西省煤炭去产能关闭煤矿 155 处，退出产能 5597 万吨 / 年，较计划目标超额完成 872 万吨 / 年，超额完成 18.46%，为煤炭行业优化结构、转型升级，全行业高质量发展奠定了坚实基础；河南省累计关闭煤矿 242 对，退出产能 6820 万吨，圆满完成"十三五"目标任务 6254 万吨，超额完成目标任务 9%。

在战略性新兴产业发展方面，中国政府陆续印发了《国务院关于加快培育和发展战略性新兴产业的决定》《国务院关于加快发展节能环保产业的意见》《"十三五"国家战略性新兴产业发展规划》等文件，明确了培育发展战略性新兴产业的总体思路、重点任务和政策措施。在相关政策指导下和重点行业、企业持续快速增长的带动下，战略性新兴产业稳步增长，促进了低耗能、低排放的绿色低碳产业体系

2021年6月6日，江苏常州，新能源汽车上市公司小鹏汽车在销售展位上展示 P7 超长续航智能轿跑汽车。

的形成。据统计，2019 年，战略性新兴产业增加值比上年增长 8.9%。"十三五"时期，高技术制造业增加值平均增速达到 10.4%，高于规模以上工业增加值的平均增速 4.9 个百分点。

在战略性新兴产业发展中，新能源汽车的迅速发展尤为引人注目。近年来，中国新能源汽车进入加速发展新阶段，成交量连续 5 年居全球第一，累计推广超 480 万辆，占全球一半以上。2020 年受新冠肺炎疫情影响，汽车市场受到较大冲击，但新能源汽车产销量却同比分别增长 7.5% 和 10.9%，全行业披露融资总额首次突破千亿元，一批国产新能源汽车品牌强势崛起，成为推动经济复苏的一支重要力量。

煤炭清洁化利用和可再生能源发展

中国是世界上最大的能源消费国，且对外依存度高，"富煤、少油、贫气"的资源禀赋和相对落后的能源利用方式，已经导致了能源

2015 年 3 月 21 日，中国自主研发生产的 1 号生物航空煤油首次用于商业载客飞行并取得圆满成功。

和环境矛盾的激化。要推进绿色低碳转型，主要途径就是在推动化石燃料高效清洁利用的同时，大力推动可再生能源规模化开发利用，提高能源结构中新能源的占比。

随着《国家能源局关于可再生能源发展"十三五"规划实施的指导意见》《国家发展改革委　财政部　国家能源局关于试行可再生能源绿色电力证书核发及自愿认购交易制度的通知》《水利部关于推进绿色小水电发展的指导意见》等一系列文件的出台，中国推进能源清洁低碳化取得明显成效。2005—2018 年，煤炭、石油等传统能源消费增速减缓：煤炭消费年均增长 3.7%，年均增速回落 2.0 个百分点，占能源消费总量比重 2018 年比 2005 年下降 13.4 个百分点；石油消费年均增长 5.0%，年均增速回落 0.4 个百分点，占比微升 1.1 个百分点。天然气、水电、核电、新能源（风电、太阳能及其他能源）等清洁能源消费高速增长，占比大幅提高：天然气消费年均增长 14.8%，年均增速提高 9.9 个百分点，占比提高 5.4 个百分点；一次电力及其他能源消费年均增长 9.9%，年均增速提高 1.2 个百分点，占比提高 6.9 个百分点。

在煤炭清洁化利用方面，浙江省能源集团有限公司以超低排放环保岛技术引领全球燃煤电厂清洁化生产。2017 年，以 "未来的能源" 为主题的世博会在哈萨克斯坦首都阿斯塔纳世博园开馆。浙江省能源集团有限公司以超低排放环保岛技术亮相中国馆 "全球使命与伙伴" 展区。该技术可实现燃煤机组主要污染物排放指标达到天然气燃气机组排放标准，排放量是欧盟环保标准的 1/6，成为全球最低污染物排放的燃煤机组。青岛特利尔公司在推广煤炭清洁化利用技术方面也卓有成效。该公司的主营产品是新型水煤浆和水煤浆锅炉，其技术优势是实现对煤炭的清洁高效利用。煤炭通过密闭研磨，再加入特定添加剂，辅以拥有专利技术的燃烧方式，其燃烧过程和结果跟传统燃煤完全不同，是实实在在的清洁燃料。经过水煤浆技术处理后的煤炭燃料，燃尽率达 99%，相应项目的排放指标已经达到甚至优于天然气排放标

河北省张家口市张北县海流图乡的一座风电场

河北省张家口市针对无区位优势、无土地资源、无产业支撑"三无"贫困村脱贫难度大、返贫概率高问题,在荒山、荒坡、屋顶等处建设分布式光伏发电站。图为张家口市宣化区刘家窑村北荒山上一处光伏发电站。

准。同时,水煤浆采用浆体灌装运输,可杜绝散煤撒落和扬尘,实现全链条清洁使用。这项技术已在19个省市落地,兴建项目有120多个。

在推进可再生能源发展方面,中国政府还积极推进国家级可再生能源示范区建设。河北省张家口市地处华北平原与内蒙古高原的连接区域,这里有丰富的可再生能源优势,据测定,全市可开发风能资源储量达4000万千瓦以上,太阳能可开发量超过3000万千瓦,生物质资源年产量200万吨以上,为可再生能源开发利用提供了良好的基础。为了促进这一区域可再生能源开发,并对全国类似地区形成示范效应,2015年,国家批复同意《河北省张家口市可再生能源示范区发展规划》,目标是将示范区建设成为可再生能源电力市场化改革试验区、可再生能源国际先进技术应用引领产业发展先导区、绿色转型发展示范区、京津冀协同发展可再生能源创新区,为中国可再生能源健康快速发展提供可复制、可推广的成功经验。近年来，张家口市可再生能源消费量占终端能源消费比例已经提升到了 27%，处于全国领先水平；2019 年全市可再生能源发电总量超过 250 亿千瓦时，同比增长 15%，占总发电量的 49.0%。示范区还集中导入国际、国内创新资源和创新力量，不断探索新技术示范应用。其中，张北 ±500 千伏多端柔性直流示范工程的核心技术和关键设备均达到世界直流输电的最高技术水平，张北—雄安 1000 千伏特高压交流输变电工程技术水平世界领先。

推进循环经济发展

中国人口众多，资源相对贫乏，长期沿用高物耗、高能耗、高污染的粗放型经济模式，对资源的掠夺式开发造成了巨大浪费并导致了环境的恶化。将能耗、物耗水平的降低统一考虑，把传统依赖资源净消耗线性增加的发展，转变为依靠生态型资源循环来发展经济，推动

2021 年 3 月 26 日，安徽省合肥市肥东县循环经济示范园店埠河港口，码头门机在吊装钢卷。

2011 年 9 月 23 日，首届海峡两岸电子废弃物回收利用技术与设备展览会在北京展览馆举行。

"资源—产品—污染排放"的传统经济模式向"资源—产品—再生资源"的循环经济模式转变，是提高资源利用效率，将中国绿色低碳循环发展进一步落到实处的有效途径。

"十一五"时期（2006—2010），国家在重点行业、重点领域、产业园区和省市开展了两批国家循环经济试点，通过试点，总结凝练出包括区域、园区和企业 3 个层面、14 个种类的 60 个循环经济典型模式案例，探索了符合中国国情的循环经济发展道路。其中，入选"资源循环利用"的典型案例有：上海伟翔——以电子废弃物利用为主的专业化资源再生利用企业循环经济发展模式；杭州富伦科技——以纸塑铝复合包装回收利用为核心的再生资源利用企业循环经济发展模式；广州万绿达——服务于园区废弃物管理的嵌入式、专业化的资源再生利用企业循环经济发展模式；深圳格林美——以建设有效的回收体系、对电子废弃物和废旧电池等进行深度资源化为特征的再生利用企业循环经济发展模式；深圳嘉达——通过关键技术创新，将有机、无机废弃物融合生产新材料的资源再生利用企业循环经济发展模式；济南复强——以自主创新技术为支撑、产学研相结合的汽车零部件再制企业循环经济发展模式。

"十一五"和"十二五"时期，中国陆续发布了《国务院关于加快发展循环经济的若干意见》《中华人民共和国循环经济促进法》《循环经济发展战略及近期行动计划》《2014年循环经济推进计划》《2015年循环经济推进计划》等文件，推进循环经济发展。据统计，以2005年为基期计算，2013年中国循环经济发展指数达到137.6，平均每年提高4个点。循环经济发展取得成效的同时也促进了单位GDP能耗和碳排放强度的下降。据测算，中国每回收利用1吨废旧物资，平均节约自然资源4.2吨，节能1.4吨标准煤，相当于减排二氧化碳3.18吨。

近年来，河北省新乐市积极引导农民打造环境友好型循环式种养业，采取"青储玉米＋奶牛养殖＋牛粪还田"的生产模式发展青储玉米种植，为10余家养殖场提供青储饲草，实现了"零排放、零污染"。

"十二五"期间，中国资源产出率提高了16.4%，单位GDP二氧化碳排放量下降了20%，累计实现节能8.6亿吨标准煤（相当于减少二氧化碳排放19.3亿吨）。

2017年，《关于推进资源循环利用基地建设的指导意见》提出，到2020年，在全国范围内布局建设50个左右资源循环利用基地，基地服务区域的废弃物资源化利用率提高30%以上。以宁夏宁东能源化工基地为例，自2003年开发建设以来，该基地始终坚持煤炭清洁高效利用，将资源优势转化为经济优势。宁东能源化工基地宁东现代煤化工产业示范区，持续做大做强煤制烯烃、煤制乙二醇等现代煤化工示范项目，做精做细煤化工下游深加工产业，构建了煤制油、煤基烯烃、精细化工三大产业集群。目前宁东基地已形成特色鲜明、产业集聚、循环发展、创新驱动的发展格局，建设了现代工业经济体系。2020年10月，宁东能源化工基地入围2020化工园区30强前10强，位列累计固定资产投资单项第一。

低碳城市和低碳园区建设

低碳发展试点示范，是探索符合中国国情的绿色低碳发展道路的有效途径。2010年，国家确定首先在广东、辽宁、湖北、陕西、云南五省和天津、重庆、深圳、厦门、杭州、南昌、贵阳、保定八市开展低碳省区和低碳城市试点工作。2012年，北京、上海、海南和石家庄等29个城市和省区成为第二批低碳试点省市。2017年1月，国家确定在45个城市（区、县）开展第三批低碳城市试点，至此，低碳省市试点总数达到87个。各地积极开展低碳发展探索创新，建立了以低碳为特征的工业、建筑、交通、能源体系，加强了温室气体排放核算和清单编制基础能力建设，并积极倡导绿色低碳的生活方式和消费模式。

2021年6月4日，重庆市云阳县50名骑行爱好者参加了"低碳出行"活动，倡导健康生活。

深圳是低碳城市发展的典范之一。2019年，深圳成为万元GDP水耗、能耗和碳排放强度最低的大城市。深圳经验有着重要的借鉴意义。自从2010年被列为首批低碳试点城市，深圳一直致力于通过规划来引领整个城市的低碳发展，包括节能中长期规划、生态市建设规划、低碳发展中长期规划等。深圳还在交通、建筑、产业、能源结构、碳市场等各个方面，从源头到末端采取了一系列的政策措施。如在交通方面，2017年12月，深圳已累计推广应用纯电动公交车16359辆，除保留634辆非纯电动车作为应急运力外，全市专营公交车辆已全部实现纯电动化。在全国甚至全球特大型城市中，深圳实现了首个公交全面纯电动化。2018年底，深圳已有2万多台纯电动出租车，基本实现出租车纯电动化。纯电动出租车一年可减少的碳排放量达85.6万吨，相当于深圳6个梧桐山风景区绿色植被一年的二氧化碳吸收量。在产业转型方面，"十二五"期间，深圳共淘汰转型低端企业超1.7万家，钢铁、水泥、电解铝、煤炭等重污染行业基本退出。深圳市还将素有"龙岗区后花园"之称的坪地街道打造成了"国际低碳城"，城里的每个细节设计都以环保低碳为导向。净化处理后再排放的城市地面道路污水、利用废弃钢铁做成的公园里各式雕塑、使用截桩做成的各式休闲景观或凳椅、运用废弃混凝土设计施工的河道护坡等，都体现了城市建设中绿色低碳循环理念。

　　工业领域是中国能源消耗及温室气体排放的主要领域。除了开展低碳省区和低碳城市试点建设，国家还开展了低碳工业园区试点建设。各试点园区积极探索适合中国国情的工业园区低碳管理模式，提高可再生能源消费占比，加快钢铁、建材、有色、石化和化工等重点用能行业低碳化改造，培育了一批低碳型企业。2017 年，为宣传国家低碳园区创建的先进理念，工业和信息化部信息中心组织专家梳理了 8 个国家低碳工业园区试点典型案例，从 6 月 13 日全国低碳日开始，集中展示这些工业园的优秀低碳管理模式和绿色低碳发展成果。

　　这 8 个典型案例是：

2021 年 6 月 1 日，一辆电动公交车在浙江省丽水市景宁畲族自治县畲乡古城前经过。

2017年12月19日，工作人员在天津市西青区辛口镇水高庄村气代煤项目现场调试设备。

综合示范型低碳工业园区——天津经济技术开发区。天津开发区共有电子、汽车、石化三个产值超1000亿级产业，装备、食品两个超500亿级产业。园区内还聚集了滨海新区云计算中心、中国智能制造（工业4.0）战略示范和应用中心等，战略性新兴产业发展迅速。2014—2016年，天津开发区地区生产总值年均增长率为10.5%，2014年对天津市的生产总值贡献率达到了25.9%。在保持经济发展增速的前提下，2015—2016年，天津开发区规模以上工业企业综合能源消费总量和碳排放总量均未呈现明显上升趋势。

沙漠中低碳绿洲的积极打造者——内蒙古鄂托克经济开发区。鄂托克开发区已形成煤炭、电力、冶金、化工和建材五大主导产业，并形成了以煤炭产业为起点、源头和基础，以电力产业为核心枢纽和"发动机"，以物流为运输桥梁，以铁合金、多晶硅、电石、聚氯乙烯（PVC）、烧碱、煤化工和天然气化工为竞争力终端的产业格局。2012—2016年，开发区生产总值年均增长率为 8.8%，保持了较高的经济增速。

先进制造业基地的生态化转型——上海金桥经济技术开发区。开发区经历了从"排放达标"到"节能减排"，再到"循环经济"和"低碳经济"的历程。园区在产业发展生态化、土地利用集约化、资源利用高效化等方面取得显著进展。园区基本形成了先进制造业和生产性服务业两轮驱动、二元融合的低碳产业发展格局。2012—2016 年，金桥开发区工业生产总值保持在 1900 亿元左右。园区碳排放总量 2016 年较 2012 年下降了 25%。

园区绿色低碳发展的先行者——江苏苏州工业园区。园区基本形成以电子信息和装备制造业为主导产业，以生物医药、纳米技术和云计算为战略性新兴产业的"2+3"产业发展格局。高新技术产业与战略性新兴产业的加速发展，促进了低碳经济与新兴产业的融合发展。2012—2016 年，园区生产总值年均增长率为 7%，对苏州市生产总值的年均贡献率一直保持在 10% 以上。园区能源消耗总量虽然呈逐年增长的趋势，但碳排放总量的增长率却逐年下降。

光伏特色小镇——浙江嘉兴秀洲工业园区。园区 2015 年被评为浙江省光伏特色小镇。园区以探索园区工业低碳发展模式、降低单位工业增加值碳排放和提升产业竞争力为目标，加快纺织服装等传统产业改造升级，推进新能源、新材料、高端装备制造等低碳产业发展，2015 年和 2016 年的园区生产总值相对于 2012 年的增长率高达 15.01% 和 29.93%，对所在地区生产总值的贡献率分别达到了 20.9%、35.5%。园区 2015 年的单位工业增加值碳排放量比 2012 年下降 15%，单位工业增加值能耗比 2012 年下降 13%。

具有滨湖特色的低碳科技新城——江西南昌国家高新技术产业开发区。高新区打造了以航空制造、光电、生物医药、新一代信息技术、"互联网+"等为主导的产业集群，园区的主导产业 2016 年完成主营业务收入约 1818 亿元，占园区主营业务收入的 95%。试点期间，高新区的生产总值年均增长 11.1%，相比 2012 年，单位生产总值能耗和碳排放分别下降了 31.3% 和 22.8%。

大数据引领的新型低碳工业园——贵州贵阳国家高新技术产业开发区。园区先后获批"国家大数据引领产业集群创新发展示范工程""国家科技服务业区域试点"等 15 个国家级试点示范。近年来，园区坚守生态和发展"两条底线"，建成了大数据"双创"引领区、大数据技术创新试验区、大数据中小微企业聚集区。2012—2016 年，园区工业总产值年均增长率为 21.3%，园区单位工业增加值能耗累计下降 22.6%。

循环低碳发展的高原工业园区——青海格尔木昆仑经济技术开发区。格尔木工业园主要由昆仑重大产业基地和察尔汗重大产业基地两个千亿元产业基地组成。近年来，园区已经基本建立了以盐湖资源开发为核心，盐湖化工、油气化工、冶金产业为主导的循环型产业体系。2014—2016 年，工业园生产总值年均增长率为 2.35%，对全省生产总值的年均贡献率为 7.3%，单位生产总值的能源消耗和碳排放均呈现下降趋势。

绿色金融助力绿色低碳循环经济发展

绿色金融是指为支持环境改善、应对气候变化和资源节约高效利用的经济活动，对环保、节能、清洁能源、绿色交通、绿色建筑等领域的项目投融资、项目运营、风险管理等所提供的金融服务。2016 年，"十三五"规划中正式提出要"建设绿色金融体系"，中国人民银行联合七部委还出台了《关于构建绿色金融体系的指导意见》，为绿色金融的发展给出了顶层设计。2021 年 2 月，《国务院关于加快建立健全绿色低碳循环发展经济体系的指导意见》提出，要发展绿色信贷和绿色直接融资，统一绿色债券标准，发展绿色保险，支持符合条件的绿色产业企业上市融资。

中国大力发展绿色信贷，以支持绿色低碳循环经济发展。绿色信贷是指利用信贷手段促进节能减排的一系列政策、制度安排及实践。早在2007年，《节能减排授信工作指导意见》就指出，银行业金融机构要将促进全社会节能减排作为本机构的重要使命。2012年，《绿色信贷指引》强调银行业金融机构应当加大对绿色经济、低碳经济、循环经济的支持，防范环境和社会风险，提升自身的环境和社会表现，并以此优化信贷结构，提高服务水平，促进发展方式转变。近年来，《中国银监会办公厅关于绿色信贷工作的意见》《绿色信贷统计制度》《绿色信贷实施情况关键评价指标》等文件相继出台，绿色信贷政策不断深化和丰富，对低碳经济和绿色发展的支持力度和成效日益显著。中国银保监会提供的数据显示，截至2020年末，中国21家主要银行

2016年11月11日，首支中国绿色资产担保债券在伦敦证券交易所上市发行。图为伦敦证券交易所集团首席执行官罗睿铎（Xavier Rolet）向中国人民银行副行长易纲颁发债券上市纪念牌。

绿色信贷余额超过 11 万亿元人民币，绿色交通、可再生能源和节能环保项目的贷款余额及增幅规模位居前列。中国绿色信贷资产质量整体良好，不良率远低于同期各项贷款整体不良水平。绿色信贷环境效益逐步显现，按照信贷资金占绿色项目总投资的比例计算，21 家主要银行绿色信贷每年可支持节约标准煤超过 3 亿吨，减排二氧化碳当量超过 6 亿吨。

中国绿色债券市场发展迅速。绿色债券是绿色金融领域中的一种新型融资方式，具有清洁、绿色、期限长、成本低的特点，可为绿色经济提供巨额资金支持，同时通过资本市场融资优势来约束产能过剩行业的发展，可以激励节能环保相关产业发展。2015 年 12 月，中国人民银行发布公告称，在银行间债券市场推出绿色金融债券，加快绿色金融体系建设，这标志着中国绿色债券市场的正式启动。近年来，《中国证监会关于支持绿色债券发展的指导意见》《非金融企业绿色债务融资工具业务指引》《绿色债券支持项目目录（2021 年版）》等文件陆续出台，为中国绿色债券市场的蓬勃发展奠定了坚实基础。2016 年是中国贴标绿色债券市场元年，当年中国债券市场上的贴标绿色债券发行规模达 2052.31 亿元，包括了 33 个发行主体发行的金融债、企业债、公司债、中期票据、国际机构债和资产支持证券等各类债券 53 只。2020 年末，中国累计发行绿色债券约 1.2 万亿元，规模仅次于美国，位居世界第二。绿色债券对于拓宽绿色企业和绿色项目的融资渠道，支持实体企业绿色转型升级发挥了积极作用。据初步测算，每年绿色债券募集资金投向的项目可节约标准煤 5000 万吨左右，相当于减排二氧化碳 1 亿吨以上。

绿色金融改革创新试验区建设初见成效。2017 年，国家决定在浙江、江西、广东、贵州、新疆五省（区）建设绿色金融改革创新试验区。近年来，各试验区的人民银行分支机构分别制定了绿色信贷业绩评估办法等文件，将绿色信贷业绩纳入考核，积极引导金融资源有效地流向绿色发展领域；提高金融机构与企业融资对接的力度，探索推动排污权等环境权益以及未来收益权成为合格的抵质押物；发行以绿色发展为主题的金融债、企业债、公司债和非金融企业债等工具，推动符合条件的绿色企业上市融资；设立股权投资基金和创业投资基金，引导社会资本参与绿色项目投资。2018 年，试点总体方案中 85% 以上的试点任务已经启动推进。近年来，试验区的绿色金融服务供给能力大幅提升。截至 2020 年末，五省（区）绿色金融改革创新试验区绿色贷款余额达 2368.3 亿元，占全部贷款余额的 15.1%；绿色债券余额 1350.5 亿元。部分绿色金融改革创新经验已局部推广。

兴业银行是绿色金融发展的典范之一。兴业银行自 2006 年起在国内首先探索了绿色金融业务，2008 年成为中国第一家"赤道银行"。近年来，兴业银行将绿色发展与商业行为有机融合，形成了包括绿色投融资、绿色理财、绿色基金等多个业务类型的集团化绿色金融产品与服务体系，成为国内银行业发展绿色金融的典范。截至 2019 年 10 月，兴业银行累计发行绿色债券 1300 亿元，成为完成在境内和境外两个市场发行绿色债券的首家中资银行，也成为绿色债券发行余额全球最

2021 年 5 月 29 日，国际金融论坛 2021 年春季会议在北京举行。在"全球可持续金融：构建绿色低碳循环发展"分论坛上，亚洲基础设施投资银行行长回答参会者提问。

大的商业金融机构。截至 2019 年末，兴业银行绿色金融客户 14764 家，绿色金融融资余额 10109 亿元，累计为 19454 家企业提供绿色融资 22232 亿元。它所支持的相关项目预计每年可节约标准煤 3000 多万吨，每年可减排二氧化碳 8400 多万吨，每年可节水 4.1 亿吨，共相当于关闭 190 多座 100 兆瓦火力发电站，停运 10 万辆出租车 40 年以上，产生了巨大社会环境效益与经济效益。2021 年 5 月 13 日，兴业银行与福建省南平市人民政府在"第二届中国资产管理武夷峰会"期间签署"加强绿色金融合作助推绿色金融改革试验区建设战略合作协议"，承诺将在"十四五"期间为南平市提供不低于 200 亿元各类绿色投融资服务，并围绕地区特色在排污权、碳排放权、林权等环境权益方面多角度开展金融产品创新，助力南平全方位绿色高质量发展。

碳捕集、利用与封存技术发展和碳排放权交易市场建设

◎碳捕集、利用与封存技术发展

碳捕集、利用与封存（CCUS）是一项具有大规模温室气体减排潜力的技术。发展碳捕集、利用与封存，是在中国能源结构以煤为主的现实情况下，有效控制温室气体排放的一项重要举措，并有助于实现煤、石油等高碳资源的低碳化、集约化利用，促进电力、煤化工、油气等高排放行业的转型和升级，带动其他相关产业的发展，对中国中长期应对气候变化、推进低碳发展具有重要意义。

2013 年，国家发展改革委发布《国家发展改革委关于推动碳捕集、利用和封存试验示范的通知》，提出要按照"立足国情、着眼长远、积极引导、有序推进"的思路，加强对碳捕集、利用和封存的试验示范的支持和引导，切实推动碳捕集、利用和封存的健康有序发展；科

2021 年 2 月 3 日，中国石化华东石油局职工对碳捕集装置进行巡回检查。

学技术部发布《"十二五"国家碳捕集、利用与封存科技发展专项规划》，提出到"十二五"末，突破一批 CCUS 关键基础理论和技术，实现成本和能耗显著降低，形成百万吨级 CCUS 系统的设计与集成能力，构建 CCUS 系统的研发平台与创新基地，建成 30 万—50 万吨 / 年规模二氧化碳捕集、利用与封存全流程集成示范系统的总体目标；环境保护部发布《关于加强碳捕集利用与封存试验示范项目环境保护工作的通知》，提出各地在碳捕集、利用与封存试验示范项目建设和运营的过程中，要强化环境安全风险防范意识，降低对当地环境可能产生的负面影响。2016 年，环境保护部发布《二氧化碳捕集、利用与封存环境风险评估技术指南（试行）》，规定了碳捕集、利用与封存项目环境风险评估的原则、内容以及框架性程序、方法和要求；国土资源部开展了应对全球气候变化地质调查研究工作，对二氧化碳储存潜力评估与工程示范等进行了研究；科技部组织实施中欧燃煤发电近零排放、中澳二氧化碳地质封存等碳捕集、利用与封存合作项目。

　　2017 年 6 月，国家发展改革委气候司与亚洲开发银行签署了《亚行关于支持中国开展大规模碳捕集与封存示范技术援助项目谅解备忘录》。该技援项目总额为 550 万美元，由亚行碳捕集与封存基金以赠款方式提供，旨在支持中国加快推进大规模碳捕集、利用与封存技术的研发、示范与推广。项目内容分为两部分：一是为西北大学"国家与地方 CCUS 技术联合工程研究中心"提供能力建设支持，提高其在 CCUS 政策研究领域的支撑能力；二是为延长石油集团年捕集 100 万吨二氧化碳的大型项目提供可行性研究支持。2017 年 9 月，华润电力（海丰）有限公司与中国能源建设集团广东省电力设计研究院和中英（广东）CCUS 中心共同签署了《华润海丰电厂碳捕集测试平台项目技术服务合同》。2018 年 1 月，该平台项目正式开工。项目依托海丰项目已投产的超超临界燃煤机组进行建设，是中国首个针对超超临界燃煤机组的 CCUS 多技术综合碳捕集测试平台。同年 12 月，项目开

2021 年 4 月 6 日，重庆大学煤矿灾害动力学与控制国家重点实验室公开发布研究成果称，该实验室在页岩气绿色开采方面取得新进展。新技术在提高页岩气采收率的同时，能够实现二氧化碳的地下封存，有望让页岩气在开采过程中实现碳中和。

始调试并捕集首吨二氧化碳。项目一期总投资约 1 亿元人民币。平台运行后，开展了碳捕集技术创新和降低碳捕集成本方面的研究，为中国碳捕集、利用与封存技术的应用与产业化推广积累了经验，对中国生态文明建设及应对气候变化作出了积极贡献。2017 年 11 月，神华集团完成基于富氧燃烧的百万吨级碳捕集燃煤电厂技术研发和系统集成技术研发。2019 年 5 月，科学技术部社会发展科技司和中国 21 世纪议程管理中心共同组织编写的《中国碳捕集利用与封存技术发展路线图（2019 版）》（以下简称"2019 版《路线图》"）在北京正式发布。2019 版《路线图》明确了中国 CCUS 技术至 2025 年、2030 年、2035 年、2040 年及 2050 年的阶段性目标和总体发展愿景，对中国实现 CCUS 技术的商业化应用以及可持续发展目标具有重要的指导作用和现实意义。截至 2021 年 3 月，中石化南化公司与华东石油局合作建设的两套碳捕集装置，已累计回收二氧化碳超 16 万吨，月均回收超 1 万吨。回收的二氧化碳助力华东石油局、江苏油田等上游企业驱油增产超 1 万吨，在提高油田采油率的同时又实现了碳封存。这是两公司以"碳达峰、碳中和"目标为导向，率先打造出的 CCUS 示范基地。当前，据不完全统计，中国已建成 35 个 CCUS 示范项目，积累了较好的技术和项目经验。

◎开展碳排放权交易市场建设

碳排放权交易作为一种市场机制，能够有效实现控制温室气体排放的目标，促进技术进步和产业结构升级。在全球范围内，碳排放权交易市场正在发挥越来越重要的作用，成为推动全球气候治理的重要手段。

2011 年，国家发展改革委选择北京、天津、上海、重庆、广东、湖北、深圳等 7 个省市开展碳排放权交易试点工作，探索利用市场机制控制温室气体排放。7 省市积极开展试点工作，强化试点碳交易制度顶层设计，制定出台地方性法规、政府规章，建立碳排放核算、报告和核查体系，确定碳配额分配方法、交易规则和履约机制，建立碳交易平台和注册登记系统。2013 年 6 月，中国首个碳排放权交易市场——深圳碳排放权交易市场启动。截至 2015 年底，7 个试点碳市场已经全部启动，共纳入 20 余个行业、2600 多家重点排放单位，年排放配额总量约 12.4 亿吨二氧化碳当量，其中北京、天津、上海、广东和深圳碳市场纳入的重点排放单位已经完成了 2 次碳排放权履约，7 个试点碳市场累计成交排放配额交易约 6700 万吨二氧化碳当量，累计交易额约为 23 亿元。2017 年，中国持续推动试点碳市场建设，北京、天津、上海、重庆、广东、湖北、深圳已基本形成要素完善、运行平稳、成效明显、各具特色的区域碳排放权交易市场。7 个试点碳市场覆盖了电力、钢铁、水泥等多个行业近 3000 家重点排放单位，履约率保持较高水平，并呈逐年递增趋势。试点碳市场不断提升企业低碳意识，有力地推动了试点范围内碳排放总量和强度的双降。截至 2020 年 8 月末，7 个试点碳市场配额累计成交量为 4.06 亿吨，累计成交额约为

2014 年 4 月 2 日，湖北省碳排放权交易启动仪式在武汉举行。

92.8 亿元。中国试点碳市场已成长为配额成交量规模全球第二大的碳市场。

2014 年，国家发展改革委开始组织建设全国碳排放权交易市场，开展制度设计研究，研究全国碳市场配额总量和分配方法，研究建立全国碳交易登记注册系统。2014 年 12 月，国家发展改革委出台《碳排放权交易管理暂行办法》，明确了全国碳市场建设思路。2016 年 1 月，国家发展改革委下发《国家发展改革委办公厅关于切实做好全国碳排放权交易市场启动重点工作的通知》，组织各地方、有关部门、行业协会和中央管理企业开展拟纳入碳市场企业的历史碳排放核算报告与核查、培育和遴选第三方核查机构、相关方能力建设等全国碳市场启动的重点工作。2017 年，国务院法制办会同国家发展改革委继续开展《碳排放权交易管理暂行条例》的立法审查工作。国家发展改革委组织起草企业碳排放报告管理办法和碳排放权第三方核查机构管理办法等配套制度；制定完善配额分配方法，并完成电力、电解铝和水泥行业部分企业配额分配试算；开展全国碳排放权注册登记系统和交易系统建设与运行维护任务承担方评选；研究推进清洁发展机制和温室气体自愿减排交易机制改革。2017 年 12 月，国家发展改革委印发《全国碳排放权交易市场建设方案（发电行业）》，召开全国碳排放交易体系启动工作电视电话会议，动员部署全国碳市场建设任务，要求以"稳中求进"为总基调，以发电行业为突破口，分阶段、有步骤地建立归属清晰、保护严格、流转顺畅、监管有效、公开透明的全国碳市场。2021 年 4 月，习近平在"领导人气候峰会"上的讲话中提出要启动全国碳市场上线交易。同年 5 月，为进一步规范全国碳排放权登记、交易、结算活动，保护全国碳排放权交易市场各参与方合法权益，生态环境部公布《碳排放权登记管理规则（试行）》《碳排放权交易管理规则（试行）》和《碳排放权结算管理规则（试行）》，全国碳排放交易市场进入落地实操阶段。

第四章 空气长新、碧水长流、土壤长净

在中国经济由高速增长阶段转向高质量发展阶段的过程中，污染防治和环境治理是需要跨越的一道重要关口。为了建设空气长新、碧水长流、土壤长净的美丽中国，不断满足人民群众日益增长的优美生态环境需要，中国全面开展了蓝天保卫战、碧水保卫战、净土保卫战"三大战役"。如今，蓝天白云越来越多，空气质量越来越好；河畅、水清、岸绿、景美，江河湖泊保护和城市臭水沟治理成效显著；通过"无废城市"试点、土壤污染综合防治先行区建设、禁止"洋垃圾"入境，土壤固体废弃物越来越少，土壤越来越干净。

建设蓝天白云、空气长新的美丽中国

◎区域齐发力，共抗空气重污染

中国工业化和城市化快速发展，资源能源消耗持续增长，对大气环境造成巨大压力。同时，随着城市规模的不断扩张，区域内城市连片发展，受大气环流及大气化学的双重作用，城市间大气污染相互影响明显，相邻城市间污染传输影响也极为突出。尤其在京津冀、长三角和珠三角等重点区域内，城市大气污染变化过程呈现明显的同步性，区域内空气重污染现象大范围同时出现的频次日益增多，对经济发展

游客在雾霾笼罩的天安门广场参观。

2018 年 12 月 22 日，由中国科学院大气物理研究所主持的国家重点研发计划项目"陆地边界层大气污染垂直探测技术"在河北省望都县进行了观测试验。

和社会生活的正常运行造成不利影响。

时至今日，公众依然对 2013 年的雾霾记忆犹新。这一年，京津冀、长三角、珠三角等重点区域及直辖市、省会城市和计划单列市共74 个城市中，仅海口、舟山和拉萨 3 个城市空气质量达标，占 4.1%，超标城市比例为 95.9%。该年全国平均霾日数为 35.9 天，为 1961 年以来最多。尤其在 1 月和 12 月，中国中东部地区发生了两次较大范围区域性灰霾污染。两次灰霾污染过程均呈现出污染范围广、持续时间长、污染程度严重、污染物浓度累积迅速等特点。

面对日益"外溢化"和"区域化"的大气污染问题，仅从行政区划的角度考虑单个地区污染防治的传统属地管理模式难以适应区域大气污染防治的要求。解决日益严重的跨区域大气污染问题，需要统筹考虑、统一规划，整合地方政府、企业、环保组织、社会公众等相关主体的力量，各区域、各组织采取协作互动模式，打破各个城市"各自为战"的地方保护主义和本位主义的束缚，从而有效提升整个区域的大气环境质量。近年来，中国政府构建了"统一规划、统一标准、统一环评、统一监测、统一执法"的区域大气污染联防联控工作机制，推动了日益突出的区域性复合型大气污染问题的解决。中国已成为世界上治理大气污染速度最快的国家。

《2018年世界空气质量》将全球各主要地区和城市在$PM_{2.5}$方面的年度均值进行了排名。报告显示：全球30个空气最差城市中，22个来自印度；相比之下，中国之前雾霾笼罩的城市空气质量有了明显改善。而且，中国整体的空气污染并没有排在世界倒数前10名的榜单上。从下面的数据也可以看出近年来中国在雾霾治理方面取得的显著成效。2019年全国重点城市$PM_{2.5}$和二氧化硫平均浓度，分别比2013年下降43%和73%，重污染天数下降81%。2019年全国平均霾日数25.7天，较2014—2018年平均减少10.7天。2020年，全国地级及以上城市空气优良天数比率为87%，比2015年上升5.8个百分点（目标3.3个百分点）；全国$PM_{2.5}$平均浓度为33微克/立方米，$PM_{2.5}$未达标城市平均浓度比2015

2013年7月3日，湖北宜昌三峡大坝旅游景区内，一块高大的三峡坝区空气质量实时发布牌显示着$PM_{2.5}$、二氧化氮、二氧化硫、臭氧等数据。

年下降 28.8%（目标 18%），均超额完成"十三五"目标要求。当前，蓝天白云的好天气正在成为常态。

◎ 建立区域联防联控机制，向大气污染全面开战

2013 年，中国大气污染形势异常严峻，以可吸入颗粒物（PM_{10}）、细颗粒物（$PM_{2.5}$）为特征污染物的区域性大气环境问题日益突出。2013 年 9 月，国务院颁布了全国大气污染防治工作的行动指南——《大气污染防治行动计划》。该计划提出要建立区域协作机制，统筹区域环境治理。2014 年 1 月，环保部代表国务院先后与全国 31 个省（自治区、直辖市）分别签署《大气污染防治目标责任书》，明确规定各省的具体目标任务。4 月，十二届全国人大常委会第八次会议表决通过了环保法修订案。堪称史上最严格的新《环境保护法》明确规定，国家要建立跨行政区域的重点区域、流域环境污染和生态破坏联合防治协调机制，实行统一规划、统一标准、统一监测和统一的防治措施。2015 年，新修订的《中华人民共和国大气污染防治法》对重点区域大气污染联合防治进行了专门部署，指出国家要建立重点区域大气污染联防联控机制，统筹协调重点区域内大气污染防治工作。2016 年，国家颁布新修订的《大气环境质量标准》。2018 年 6 月，国家宣布，要编制实施打赢蓝天保卫战三年作战计划，以京津冀及周边、长三角、汾渭平原等重点区域为主战场，调整优化产业结构、能源结构、运输结构、用地结构，强化区域联防联控和重污染天气应对，进一步明显降低 $PM_{2.5}$ 浓度，明显减少重污染天数，明显改善大气环境质量，明显增强人民的蓝天幸福感。

◎ 京津冀区域协同治理大气污染

2013 年以来，京津冀区域在协同治理大气污染方面主要采取了以下举措。一是完善区域协作机构设置。2013 年底，北京、天津、河

北、山西、内蒙古、山东六省区市和国家发改委、财政部、环保部、工信部等七部委共同成立了京津冀及周边地区大气污染防治协作小组。2015 年 5 月，河南省、交通运输部加入协作小组。2018 年，协作小组升级为京津冀及周边地区大气污染防治领导小组，强化了区域大气污染协同治理的顶层设计。二是推动区域统一规划的实施。由京津冀及周边地区大气污染防治协作小组办公室组织开展的《京津冀及周边地区深化大气污染控制中长期规划》的编制工作于 2015 年启动，2018 年完成。该研究项目首次建立了京津冀及周边地区七省区市大气污染物排放清单，并分析了京津冀及周边地区大气污染源排放特征和大气污染传输影响，在推动京津冀区域重污染过程分析预报与预警、秋冬季大气污染综合治理攻坚行动等方面提供了有力支撑。三是实现标准的统一。2016 年以来，京津冀三地陆续统一了机动车国五排放标准和油品质量标准、煤质标准以及建筑类涂料与胶黏剂挥发性有机化合物含量限值标准等，对有效减少污染物排放发挥了重要作用。四是推动区域联动立法。2015 年 3 月和 11 月，京津冀及周边地区机动车排放控制协作机制和京津冀环境执法联动工作机制分别建立。从 2018 年开始，机动车污染防治立法成为京津冀立法协同的首选项目。2020 年 4 月，京津冀共同发布三地的《机动车和非道路移动机械排放污染防治条例》。三地的条例在核心条款、基本标准、关键举措上保持一致，成为京津冀立法工作协同的标志性成果。五是联合应对空气重污染。2016 年，京津冀三地统一了空气重污染应急预警分级标准，修订了重污染天气应急预案。自 2017—2018 年秋冬季起，生态环境部等十部委、北京市等六省市连续三年联合印发京津冀及周边地区秋冬季大气污染综合治理攻坚行动方案，加大重点区域和重点领域治理力度，改善了区域秋冬季大气环境质量。

在京津冀区域，三地通过完善区域协作机构设置以及在统一规划、统一标准、联动立法、联合应对重污染天气等多方面深入合作，大气污染协同治理取得明显成效。2019 年，京津冀及周边地区"2+26"城市空气优良天数比例范围为 41.1%—65.8%，平均为 53.1%，其中，16 个城市空气优良天数比例在 50%—80% 之间。2014—2019 年，京津冀区域 $PM_{2.5}$ 年均浓度下降 46%，其中北京市从 2014 年的 85.9 微克 / 立方米降至 2019 年的 42 微克 / 立方米，下降 51%。

◎长三角区域协同治理大气污染

大气污染联防联控是长三角区域一体化发展的重点领域，也是长三角区域协同发展中探索最深入的领域之一。2014 年 1 月，由长三角三省一市和国家八部委组成的长三角区域大气污染防治协作小组成立。截至 2020 年 6 月，协作小组共召开九次工作会议，并相继通过了《长三角区域空气质量改善深化治理方案（2017—2020 年）》《长三角区域柴油货车污染协同治理行动方案（2018—2020 年）》《长三角地区 2018—2019 年秋冬季大气污染综合治理攻坚行动方案》等一系列政

2020 年 11 月 7 日，安徽省合肥市肥东县撮镇镇，生态环境分局执法人员利用无人机监测生态环境。

策文件，为区域大气污染协同治理提供了制度保障，促进了区域空气质量的明显改善。2019 年，长三角地区 41 个城市空气优良天数比例范围为 56.5%—98.1%，平均为 76.5%，其中，15 个城市空气优良天数比例在 80%—100% 之间。2019—2020 年秋冬季，长三角区域 $PM_{2.5}$ 平均浓度较 2017—2018 年秋冬季下降 22%，重污染天数下降 79%。

除了健全领导体制和完善制度设计外，长三角区域还在协同立法、信息共享平台建设、技术创新等方面进行了探索。在立法协同方面，2014 年，上海市人大常委会审议通过的《上海市大气污染防治条例》专设一章对长三角区域大气污染防治协作工作进行重点部署。随后的两年间，安徽省、江苏省和浙江省人大分别通过大气污染防治地方立法，对区域大气污染防治协作设置专门章节。在信息共享平台搭建方面，2018 年，包括区域空气质量预测预报数据共享与综合观测应用系统、污染源和排放清单管理系统等应用子系统以及区域预测预报业务集成平台在内的长三角区域空气质量预测预报系统已建设完成。2015—2018 年，长三角区域空气质量预测预报中心完成 1460 份长三角区域空气质量预报专报，组织开展 160 余次可视化预报会商，并对区域内多个重大活动提供大气污染防控保障。在科技创新助力区域大气污染联防联控工作方面，长三角地区依托上海市环境科学研究院建立的国家环境保护城市大气复合污染成因与防治重点实验室，围绕臭氧污染形成机制、大气污染来源与控制对策等领域开展研究和平台建设，有力支撑了城市及区域大气复合污染防治工作。同时，由上海市科学技术委员会组织实施的"长三角区域大气污染联防联控支撑技术研发及应用"项目紧密依托长三角区域大气污染联防联控协作机制，已完成大气污染成因、跨界传输、动态源解析、预警预报等七大研究任务，为长三角区域空气质量的改善提供了技术支持。

◎珠三角区域协同治理大气污染

珠三角区域工业化、城市化水平较高，在经济率先高速发展中，大气污染等环境问题突出。近年来，珠三角区域持续开展大气污染协同治理，取得了打赢蓝天保卫战的阶段性胜利。自 2015 年起，珠三角空气六项主要污染物连续 4 年整体达标。2018 年珠三角灰霾日数为 38.1 天，为 1994 年以来最少，相比 2010 年（80.6 天）减少 42.5 天。

珠三角区域主要在以下方面进行了实践探索。一是设立统一协调机构。自 2008 年珠三角大气污染防治联席会议制度建立以来，区域大气污染联防联控得到有效推动。2014 年，广东省政府提升了联席会议制度的规格，由省长担任联席会议第一召集人，牵头负责大气污染防治和大气重污染应急处置工作，同时珠三角各地级市政府和省有关单位均由"一把手"担任联席会议成员。2018 年，广东省污染防治攻坚战指挥部成立，进一步加强了对污染防治工作的组织领导。二是出

2021 年 4 月 13 日，珠三角国家森林城市群通过国家级考核验收，标志着中国首个森林城市群——珠三角国家森林城市群正式建成。图为珠海市远眺。

台协作法规政策。中共十八大以来，珠三角区域相继出台了《广东省珠江三角洲清洁空气行动计划——第二阶段（2013年—2015年）空气质量持续改善实施方案》《珠江三角洲区域大气重污染应急预案》《广东省大气污染防治行动方案（2014—2017年）》《广东省打赢蓝天保卫战实施方案（2018—2020年）》《广东省机动车排气污染防治条例》《广东省大气污染防治条例》等法规政策，构建了珠三角区域大气污染防治协调合作机制，有效解决了跨界大气污染纠纷问题。三是依靠科技支撑，加强科学治污。目前，已完成的由广东省科学技术厅组织实施的"珠三角区域大气污染联防联控支撑技术研发及应用"项目，揭示了珠三角大气二次污染的来源成因及主控因子，实现了新一代多功能区域污染监测预警技术系统的业务化运行，有力支撑了珠三角大气污染联防联控及空气质量稳定达标。同时，珠江三角洲区域大气复合污染立体监测网建成运行，可及时揭示大气污染物的来源和形成机理，为促进珠三角区域实施空气质量精细化管理发挥了重要作用。

◎北京雾霾治理——全球大气污染治理的典范

2019年，联合国环境规划署发布的《北京二十年大气污染治理历程与展望》评估报告指出，世界上没有任何一个城市或地区像北京一样在这么短时间内迅速地改善了空气质量。

北京是一座快速发展的特大型城市。长期以来，经济的快速发展，社会生产生活的高位运行和不利的地形气候，使北京的大气污染防治困难重重。2013年1月，北京市发生了持续性、大范围、高浓度的空气重污染，当月 $PM_{2.5}$ 平均浓度接近160微克/立方米，引起了国内外的高度关注。经过7年治理，2020年北京市 $PM_{2.5}$ 平均浓度首次降到每立方米低于40微克，创下了有监测记录以来的最佳水平。最近几年，在北京生活的人都有一个共同的感受：北京的蓝天多了，空气清新了。虽然偶尔仍有雾霾、沙尘，但是明显比七八年前少了很多。

2013 年 1 月 13 日，北京 PM$_{2.5}$ 持续超标，一位老人在天安门广场为老伴戴口罩。

以前人们常说的"阅兵蓝""APEC 蓝"，如今已经变成了日常蓝。那么，北京的好天气到底从何而来呢？

2013—2018 年，北京市陆续出台了《北京市 2013—2017 年清洁空气行动计划》《〈京津冀及周边地区 2017—2018 年秋冬季大气污染综合治理攻坚行动方案〉北京市细化落实方案》《北京市打赢蓝天保卫战三年行动计划》等，全面规划北京市大气污染防治路线图。

要有效治理雾霾，首先需要弄清楚雾霾的来源。依托在京科研单位、大学和环保系统自身技术力量，北京市在 2014 年和 2018 年，完成了两轮 PM$_{2.5}$ 来源解析，详细编制污染源排放清单，找准北京市大气污染成因，有针对性地开展 PM$_{2.5}$ 精准治污。同时，北京市还注重提升监测能力，于 2013 年建成 35 个覆盖全境的自动监测子站，2016年升级监测技术，建成了"天空地"一体化空气质量监测网络，提高

2020 年 5 月 24 日的"北京蓝"

了监测和分析水平。

治理雾霾还要有法制保障。2014 年，北京发布实施了中国首部以 $PM_{2.5}$ 为主要指标的地方大气污染治理法规——《北京市大气污染防治条例》，2018 年又对条款作了进一步修改，使其更加符合发展目标和实际需要。

实施精准治污是北京市雾霾治理的重要举措。一是开展燃煤锅炉治理，实现全市无燃煤锅炉；按照宜电则电、宜气则气的方式治理散煤；实施"煤改电"低谷电价政策，减少用户的经济负担。2013—2017 年，锅炉整治、民用燃料清洁化措施减排对 $PM_{2.5}$ 浓度下降的贡献率为 35%。二是"停、退、治"三管齐下，优化产业结构。2013—2018 年，北京市关停了 2600 余家印刷、铸造、家具等行业的一般制造业污染企业；完成 1.1 万家"散乱污"企业的分类处置，对工业污染源全部采取了脱硫、脱硝、除尘、挥发性有机物治理等措施；组织实施了 400 多项环保技改项目工程。2013—2017 年产业结构调整措施减排对 $PM_{2.5}$ 浓度下降的贡献率为 17%。三是"车、油、路"治理同步，控制机动车污染排放。自 2016 年 1 月起，北京市对新增公交、环卫、邮政、班车、校车、旅游、机场巴士、渣土等 8 类车辆安装颗粒捕集器；至 2018 年，为 5 万余辆使用 2 年以上的出租车更换三元催化器；自 2015 年 12 月开始，在全市区域内禁止黄标车行驶；自 2017 年起，国一、国二标准轻型汽油车五环路内限行；自 2018 年 11 月起，全市域内禁行国三排放标准柴油货车，实施小客车按车牌尾号工作日高峰时段区域限行。

◎臭氧污染治理——中国面临的新的环保难题

在一年之中，臭氧浓度一般从 5 月份开始增长，七八月份到达最高点，进入秋季后逐步降低。中国设定的臭氧浓度二级标准限值为 160 微克 / 立方米。近年来，中国不少城市都出现了臭氧超标的情况。2019 年，全国 337 个地级及以上城市臭氧平均浓度为 148 微克 / 立方米，同比上升 6.5%。全国 337 个城市中有 30% 的城市臭氧超标，其中京

2019 年 6 月 5 日，海南省环境科学研究院工作人员向中学生讲解空气自动监测设备工作原理。

津冀和长三角区域臭氧污染尤为突出。京津冀及周边"2+26"城市和汾渭平原6月—7月为臭氧污染最重月份，长三角地区6月—9月为臭氧污染最重月份。臭氧已成为影响夏季空气质量的首要污染物。夏季臭氧污染与秋冬季 PM$_{2.5}$ 污染，已成为挡在中国大气污染防治之路上的两座大山。

臭氧具有强氧化性，近地面的臭氧是一种有害气体。如果空气中的臭氧浓度过高，很容易引起咳嗽、头疼等症状，还会对皮肤、眼睛、鼻黏膜产生刺激，对于生态环境也会造成负面影响。那么，这些臭氧是怎么产生的呢？氮氧化物以及挥发性有机物（VOCs）是产生臭氧的两种"原料"，它们在强烈太阳紫外线照射下，经过光化学反应，就会产生臭氧。温度越高、光照时间越长，臭氧浓度往往也就越高。

近年来，中国不断加强对 VOCs 和氮氧化物排放的治理。2018 年出台的《打赢蓝天保卫战三年行动计划》中特别提出要加强对 VOCs 的整治。2020 年 6 月，生态环境部印发了《2020 年挥发性有机物治理攻坚方案》，要求把夏季 VOCs 攻坚行动放在重要位置，作为打赢蓝天保卫战的关键举措。7 月中旬，生态环境部启动夏季臭氧污染防治监督帮扶行动，针对京津冀及周边地区、汾渭平原、长三角地区、苏皖鲁豫交界地区、长江中游城市群、珠三角地区等区域臭氧污染较重城市，选取涉 VOCs 重点行业企业集中的重点县区、典型园区、特色集群，开展"送政策、送技术、送方案"活动。此次活动共派出 624 个工作组 2039 人，检查企业 6.7 万家，帮助地方发现 1.9 万家企业涉 VOCs 环境问题 6.5 万个。

2020 年，各地区还不断创新臭氧治理模式，例如：山西省生态环境厅开展"一市一策"臭氧污染防治专题研讨；浙江湖州南浔区采用源头替代方式，在木业、电机、电梯等使用油性漆较多的行业推广水性漆替代油性漆；江苏南京出台"臭氧污染防治 30 条"，对症下药治臭氧；河南焦作市在 6 月 19 日至 9 月 30 日开展大气污染防治百日攻坚行动，确保6月—9月全市臭氧污染天数同比减少，臭氧污染浓度峰值同比下降。

在各地区各部门的共同努力下，2020年夏季臭氧污染防治攻坚行动取得初步成效。7月份北京、天津、河北、山西、上海、江苏、浙江、安徽、山东、河南、陕西等重点区域臭氧浓度显著降低，臭氧超标天数明显减少，未出现明显和大范围区域性臭氧污染过程。95个城市中有75个城市6月—7月空气优良天数提升目标完成情况进展良好；7月，52个监督帮扶城市臭氧浓度同比降幅为13%。

建设清水绿岸、碧水长流的美丽中国

◎ 推行河长制、湖长制

河湖管理保护是一项复杂的系统工程，涉及上下游、左右岸、不同行政区域和行业。近年来，一些地区积极探索河长制，由党政领导担任河长，协调整合各方力量，有力促进了水资源保护、水域岸线管理、水污染防治、水环境治理。

2007年，江苏省无锡市针对太湖污染严重的问题，改革水生态管理体制，创造性地推出了河长制度。2008年，江苏省政府下发了《省政府办公厅关于在太湖主要入湖河流实行双河长制的通知》，由15位省厅级领导与地方官员共同担任两级河长，负责15条河流的水污染防治。2008年，为规范河长管理工作职责，无锡市出台了《中共无锡市委、无锡市人民政府关于全面建立"河（湖、库、荡、汊）长制"全面加强河（湖、库、荡、汊）综合整治和管理的决定》。2012年，《关于加强全省河道管理"河长制"工作的意见》出台，河长制开始在江苏全省范围内得到推广。2013年，浙江省出台了《关于全面实施

2020 年 12 月 4 日，安徽淮北濉河两岸，钓鱼爱好者沐浴冬日暖阳在河畔垂钓。

"河长制"，进一步加强水环境治理工作的意见》，要求到 2013 年底，实现"河长制"省、市、县、镇（乡）四级全覆盖。

2014 年，国务院新闻办公室举行新闻发布会，水利部副部长指出，地方政府行政首长负责的"河长制"是地方创新的一条经验，将向全国推广。全面推行河长制是落实绿色发展理念、推进生态文明建设的内在要求，是解决中国复杂的水问题、维护河湖健康生命的有效举措，是完善水治理体系、保障国家水安全的制度创新。

为进一步加强河湖管理保护工作，落实属地责任，健全长效机制，2016 年，国家出台的《关于全面推行河长制的意见》（以下简称《意见》）指出：全面推行河长制要坚持生态优先、绿色发展，处理好河湖管理保护与开发利用的关系；坚持党政领导、部门联动，建立健全以党政领导负责制为核心的责任体系，明确各级河长职责；坚持问题导向、因地制宜，立足不同地区不同河湖实际，统筹上下游、左右岸，实行一河一策、一湖一策；坚持强化监督、严格考核，依法治水管水，建立健全河湖管理保护监督考核和责任追究制度。《意见》还明确了全面推行河长制的主要任务，如加强水资源保护、河湖水域岸线管理保护、水污染防治、水环境治理、水生态修复和执法监管等。《意见》中还明确要求到2018年底前，在全国范围全面建立河长制。

截至2018年6月底，中国31个省、自治区、直辖市已全面建立河长制，提前半年完成中央确定的目标任务。河长制的组织体系、制度体系、责任体系已初步形成。第一，百万河长上榜。全国31个省区市所有江河的河长都明确到位，一共明确了省、市、县、乡四级河长30多万名，其中省级领导担任河长的有402人。59位省级党委或政府主要负责人担任总河长。29个省份还将河长体系延伸至村，设立村级河长76万多名，打通了河长制"最后一公里"。第二，配套制度全部出台，规矩机制上线。各地按照《意见》精神和水利部有关要求，建立了河长会议制度、信息共享制度、信息报送制度、工作督察制度、考核问责与激励制度、验收制度等6项制度，还结合本地实际出台了河长巡河、工作督办等配套制度，形成党政负责、水利牵头、部门联动、社会参与的工作格局，保障了河长制顺利运行。第三，各级河长开始履职，党政领导上岗。各级河长巡河调研，掌握河湖的基本情况。各省级河长已巡河巡湖926人次，市、县、乡级河长巡河巡湖210多万人次。第四，社会共治正在形成，群众好评不断上升。各地在健全河长体系的同时，广泛发动社会公众，涌现出一大批"乡贤河长""党员河长""记者河长"等民间河长，"河小青""河小禹"等巡河护河志愿服务队。通过实施河长制，很多河湖实现了从"没人管"到"有人管"、从"管不住"到"管得好"的转变，推动解决了一批河湖管理保护难题，河湖状况逐步好转。

在省级层面，以浙江省为例，2013年以来，浙江创新河湖管理模式，全面推行河长制，成为全国先行先试的典型代表。2016年以来，浙江

2020 年 10 月 27 日，浙江省台州市路桥区隆湖村，保洁员正在对河面进行保洁。

继续开拓创新，健全河长制。2017 年 7 月，浙江省出台了全国首个河长制专项法规——《浙江省河长制规定》（以下简称《规定》），为规范河长工作职责提供了重要依据。《规定》指出：在相应水域设立河长，由河长对其责任水域的治理、保护予以监督和协调，督促或者建议政府及相关主管部门解决责任水域存在的问题；河长负责水域包括江河、湖泊、水库，也涵盖沟渠、水塘等小微水体。在河长体系设置上，《规定》固化了省级、市级、县级、乡级、村级五级河长体系。各水域所在设区的市、县（市、区）、乡镇（街道）、村（居）分级分段设立市级、县级、乡级、村级河长。其中省级河长主要管流域，负责协调和督促解决责任水域治理和保护的重大问题，市级、县级河长主要负责协调和督促相关主管部门制定和实施责任水域治理和保护方案，乡、村两级河长协调和督促水域治理和保护具体任务的落实，做好日常巡河工作。河长制的实施在浙江取得良好成效。2018 年 1 月，水利部、环保部联合对河长制工作进行中期评估，认为浙江省河长制工作起步早，走在全国前列，已经进入"见成效"阶段。截至2018年2月，浙江省全省共设立省级总河长2名、省级河长6名、市级河长272名、县级河长2786名、乡级河长19320名、村级河长35091名，形成了省、市、县、乡、村"五级联动"的河长制体系，并将河长制延伸到小微水体，实现水体全覆盖。2019年，浙江省地表水水质总体为优。对全省221个省控断面监测结果统计显示，水质达到或优于地表水环境质量Ⅲ类标准断面占91.4%。与上年相比，Ⅰ—Ⅲ类的水质断面比例上升6.8个百分点，满足水环境功能区目标水质要求断面占95.9%，比2018年上升6.3个百分点。

除了推行河长制，2017年12月，国家还出台了《关于在湖泊实施湖长制的指导意见》（以下简称《意见》），要求各省区市将本行政区域内所有湖泊纳入全面推行湖长制工作范围，到2018年底前全面建立省、市、县、乡四级湖长制，建立健全以党政领导负责制为核

2020年4月27日，四川省广安市广安区河长办公室工作人员督查村级河长履职巡河情况。

心的责任体系，落实属地管理责任。湖泊最高层级的湖长是第一责任人，对湖泊的管理保护负总责，统筹协调湖泊与入湖河流的管理保护工作，组织制定"一湖一策"方案。各级湖长对管理保护本辖区内的湖泊负直接责任。流域管理机构充分发挥协调、指导和监督作用。对跨省级行政区域的湖泊，流域管理机构要与各省区市建立沟通协商机制，强化流域规划约束，切实加强对湖长制工作的综合协调、监督检查和监测评估。《意见》还明确了全面落实湖长制的主要任务，包括严格湖泊水域空间管控，强化湖泊岸线管理保护，加强湖泊水资源保护和水污染防治，加大湖泊水环境综合整治力度，开展湖泊生态治理与修复，健全湖泊执法监管机制等。

湖长制是对河长制及时和必要的补充。在河长制基础上全面推行湖长制，重在强化源头治理，巩固"五水共治"成果，同时，更好发挥湖（库）对河流水质提升的作用。2018年3月，水利部发出《贯彻落实〈关于在湖泊实施湖长制的指导意见〉的通知》，指出要将实施湖长制纳入全面推行河长制工作体系，统筹做好部署、推进、督察、考核等工作；各地要加强调查研究，摸清本地湖泊管理保护现状，在2018年底前全面建立湖长制；要抓紧建立完善湖长体系，逐个湖泊明

2021年3月14日，安徽省合肥市庐江县罗河镇境内的青山湖春光明媚。

确湖长,按网格化落实属地管理责任;要建立一湖一档,制定一湖一策。

各地积极推行湖长制,取得良好进展。自 2012 年湖北省颁布首个地方湖泊法规、设立湖长制以来,湖长制已经在全国推行。湖北省在全国率先建立起省、市、县、乡、村五级湖长制责任体系,755 个建档湖泊全部确定了保护管理责任单位和责任人。全省累计成立湖泊保护机构 54 个,13 个涉湖市(林区)均将湖泊保护所需经费纳入市级政府财政预算,共 4.46 亿元。2018 年 6 月,广东省提前半年全面建立湖长制,实现了江河湖库直至小微水体管护的全覆盖。截至 2018 年 12 月,全省共设立五级河长 37871 名,加上村民小组设立的河段长兼巡河员,总人数超过 15 万名;设立湖长 462 名,已涵盖全省 159 个湖泊。2018 年 9 月底,山东省全面实施湖长制,较国家规定时限提前 3 个月完成。全省共落实了省、市、县、乡、村五级湖长 10877 人,同时延续原有各级河长制办公室 26 个成员单位及 9 个省级湖长联系单位,明确细化湖长制任务措施及牵头配合单位,有效履行了工作职责。2018 年 9 月,全国首个《湖长制工作规范地方标准》在浙江绍兴发布,该标准对湖长管理要求、工作职责内容、工作任务、巡查要求等事项,进行了全面细致的界定和明确。2018 年 10 月底,安徽省已经全面建立省、市、县、乡四级湖长体系,并延伸到村。

◎ "五水共治"推进生态治水

水生态环境治理需要从系统工程和全局角度寻求新的治理之道。治理好水污染、保护好水环境,需要全面统筹左右岸、上下游、陆上水上、地表地下、河流海洋、水生态水资源、污染防治与生态保护,达到系统治理的最佳效果。

浙江是江南水乡,省域内河流众多、水系发达,境内有钱塘江、甬江、苕溪、瓯江等八大水系。工业化、城市化的快速推进,对浙江省的水生态环境造成了不同程度的污染,部分河网湖泊处于"亚健

2020年9月5日，浙江杭州举办"五水共治"成果体验皮划艇乐游赛。

康"状态。2013年，浙江省27个省控地表水断面为劣Ⅴ类，32.6%的断面达不到功能区要求，印染、造纸、制革、化工等产业占全省产值不到37%，但化学需氧量和氨氮排放量却分别占到全省的67%和80%。水环境污染影响社会稳定。

2013年底，浙江省作出了治污水、防洪水、排涝水、保供水、抓节水的"五水共治"决策部署，以治水为突破口，倒逼产业转型升级。浙江省开展了"清三河""剿灭劣Ⅴ类水"和"美丽河湖"创建等一系列治污行动。"清三河"——通过实现城镇截污纳管基本全覆盖，推进农村污水处理、生活垃圾集中处理基本覆盖，加快铅蓄电池、电镀、制革、造纸、印染、化工六大重污染高耗能行业的淘汰退出和整治提升，推进种植养殖业的集聚化、规模化经营和污染物排放的集中化、无害化处理，控制农业面源污染等措施，以达到清理垃圾河、黑河、臭河这"三河"的目标，实现由"脏"到"净"的转变。"剿灭劣Ⅴ类水"——对全省共58个县控以上劣Ⅴ类水质断面和排查出的1.6万个劣Ⅴ类小微水体，建立"劣Ⅴ类水体清单、主要成因清单、治理项目清单、销号报账清单和提标深化清单"五张清单，实施"截污纳管、河道清淤、工业整治、农业农村面源治理、排污口整治、生态配水与修复"六大工程，实现由"净"到"清"的转变。创建"美丽河湖"——实施污水处理厂清洁排放、"污水零直排区"建设、农业农村环境治理提升、水环境质量提升、饮用水水源达标、近岸海域污染防治、防洪排涝、河湖生态修复、河长制标准化、全民节水护水等十大专项行动，实现从"清"到"美"的提升。

"五水共治"打破了"分水而治"的格局，破解了浙江多年治水的难题，治出了秀水美景，绿水青山重回浙江大地。2018年，浙江省地表水流域考核断面中，Ⅲ类以上水质断面比2014年上升29.1%；全面消除劣Ⅴ类断面，提前3年实现消劣目标；省控Ⅰ类以上断面比例达84.6%，比2013年提升20.8个百分点。2013—2018年，浙江省共清理垃圾河6500千米、黑臭河5100千米；新增城镇污水处理能力近300万吨/日，建成城镇污水配套管网1.6万余千米；完成河湖库塘清淤3.1亿立方米；排查整治排污（水）口30余万个；全省农村生活污

2016年8月14日，市民在浙江仙居韦羌溪畅游嬉戏。

水有效治理村基本全覆盖，农村生活垃圾分类覆盖率已超过61%。水体黑、臭等感官污染基本消除，昔日的垃圾河、黑河、臭河变成了景观河、风景带。

◎流域上下游统筹保护和协同发展

发源于安徽省黄山市休宁县境内六股尖的新安江，干流总长359千米，近2/3在安徽境内，经黄山市歙县街口镇进入浙江境内，流入下游千岛湖、富春江，汇入钱塘江。千岛湖超过68%的水源来自新安江，新安江水质优劣很大程度决定了千岛湖的水质好坏，关乎长三角生态安全。21世纪初，黄山进入工业化、城镇化加速发展的阶段，大量污水通过新安江进入千岛湖，2010年左右水质富营养化趋势明显，流域生态安全面临严峻挑战。

流域应进行整体、系统的保护和治理，但上下游常常分属不同行政区域，在流域水环境保护与管理上，流域的整体性与管辖权分割的

2021年4月14日，浙江、安徽两省在新安江两省交界水域开展浙皖渔业跨省联合执法行动。

2021 年 3 月 26 日，千岛湖畔松林产生的大量松花粉随风飘散在湖面上，成为有机鱼的天然饲料。

矛盾一直存在。条块分割致使上游新安江与下游千岛湖水质保护长期单打独斗，实现跨省生态保护补偿更是难度倍增。上游安徽黄山区域内，人们渴望发展经济、增加百姓收入，希望下游对其流域环境治理、社会发展机会成本给予经济补偿；下游浙江杭州，人们更加关注生态环境安全，认为根据相关法律上游地区本来就有责任和义务将新安江水质保护好，确保入浙江境内水质良好。如何统筹兼顾上下游的利益，破解经济发展与环境保护之间的困境，确保流域生态安全，成为摆在上下游政府面前的一道难题。

　　2007 年，国家开始持续关注新安江流域问题，并研究建立生态保护补偿机制。2011 年，习近平对《关于千岛湖水资源保护情况的调研报告》作出重要批示："千岛湖是我国极为难得的优质水资源，加强千岛湖水资源保护意义重大，在这个问题上要避免重蹈先污染后治理的覆辙。浙江、安徽两省要着眼大局，从源头控制污染，走互利共赢之路。"2012年9月、2016年12月，两省签订生态保护补偿协议，先后启动两期共6年试点工作，建立起跨省流域横向生态保护补偿机制。2017年底，两轮试点结束后的评估显示，新安江流域总体水质为优并稳定向好，跨省界断面水质连年达到考核要求，保持地表水二类标准，每年向千岛湖输送60多亿立方米洁净水，千岛湖水质同步改善，富营养化趋势得到扭转。2018年，皖浙两省第三次签订补偿协议，逐步建立常态化补偿机制。与2012—2017年两个协议相比，新协议规定的水质考核标准更加严格，补偿资金使用范围有所拓展，明确提出了深化补偿机制的任务要求，在健全生态保护补偿制度上进一步实现创新和突破。

新安江跨省流域生态保护补偿机制的建立为促进流域上下游经济社会协调发展开拓了全新路径。在新安江流域生态保护补偿的试点基础上，桂粤九洲江、闽粤汀江—韩江、冀津引滦入津、赣粤东江、冀京潮白河以及省份众多、利益关系复杂的长江流域等横向生态保护补偿机制纷纷建立起来，为全国横向生态保护补偿实践提供了良好的示范和经验。

◎整治城市黑臭水体

广西南宁市建成区有13条内河，共有38个河段属于黑臭水体，黑臭水体总长度达99.4千米。这些河流大多长度较短、汇水面积小、自净能力弱，沿河居民对它们的形容几乎都是"水不像水，又腥又臭，垃圾遍布，蚊子乱飞"。黑臭水体治理迫在眉睫。

南宁市深刻反思黑臭水体污染反弹的原因，将原先分段治理、按行政区划治理的思路调整为全流域、全要素系统治理，强化"控源截污、内源治理、生态修复、活水保质、长制久清"工作措施，出台《南

2017年9月5日，广西南宁那考河湿地公园内游人如织。昔日"臭水沟"变成湿地美景。

宁市城市黑臭水体治理攻坚战实施方案》，进行系统治水。南宁市率先建立水环境治理地理信息系统，采用管道监测机器人、管道声呐、潜望镜等先进的检测技术，对17个重点黑臭河段进行"问诊把脉"，并"对症治理"，进行"一河一图"挂图作战，科学统筹治理工作。同时，作为全国第一批海绵城市建设试点城市，南宁市在全国率先探索PPP（政府与社会资本合作）黑臭水体治理模式，充分发挥社会资本的资金、技术和运营管理优势，利用海绵城市建设理念，在竹排江等流域探索实施"截污→污水厂→上游→人工湿地（海绵城市工程）→主要指标达四类水→补水回流域"的全流域全要素系统治理示范建设，取得了明显成效。

截至2020年8月，南宁市12个新改扩建污水处理厂全部提前实现通水试运行，13条城市内河流域治理工程正在加快推进，500多千

2017年9月5日，海外媒体代表团走进广西南宁那考河湿地公园，了解南宁海绵城市建设情况。

米污水管网完成建设，5000多个错混接点得到有效改造，10000多千米污水管网实现精细排查，城市内河水体水质持续改善。如今，水清岸绿，鱼翔浅底，一幅"天纹织水岸，壮锦舞沙江"的绿城画卷，在眼前徐徐展开。良好的水环境治理成效还助推南宁市于2019年5月成功入围全国黑臭水体治理示范城市。2020年1月，竹排江黑臭水体系统治理入选生态环境部通报表扬的典型案例。2017年、2018年、2019年南宁市连续三年荣获"美丽山水城市"称号。

建设固废减少、土壤长净的美丽中国

◎健全土壤污染防治与修复政策法规

2005年4月至2013年12月，中国开展了首次全国土壤污染状况

2021 年 6 月 13 日，河北省石家庄市某小区垃圾分类投放站前，居民使用智能垃圾分类回收柜收纳垃圾。

调查。2014 年，新修订的《环境保护法》将区域污染、流域污染、土壤污染等突出环境问题纳入立法内容。2016 年，历时 3 年，5 次征求中央及国务院有关部门和单位意见，3 次征求各省（区、市）人民政府意见，修改 50 余次的《土壤污染防治行动计划》（简称"土十条"）发布。"土十条"针对损害群众健康的突出土壤环境问题，以农用地和建设用地为重点，共提出 10 条 35 款 231 项具体措施，为中国土壤污染防治指明方向。"土十条"还提出：到 2020 年，全国土壤污染加重趋势得到初步遏制，土壤环境质量总体保持稳定，农用地和建设用地土壤环境安全得到基本保障，土壤环境风险得到基本管控；到 2030 年，全国土壤环境质量稳中向好，农用地和建设用地土壤环境安全得到有效保障，土壤环境风险得到全面管控；到 21 世纪中叶，土壤环境质量全面改善，生态系统实现良性循环。

2018 年 6 月，国家提出要扎实推进净土保卫战，全面实施土壤污染防治行动计划，突出重点区域、行业和污染物，有效管控农用地和城市建设用地土壤环境风险。要强化土壤污染管控和修复，加快推进垃圾分类处理，强化固体废物污染防治。2018 年 8 月，《中华人民共和国土壤污染防治法》（以下简称《土壤污染防治法》）正式通过，共有 7 章 99 条。这部法律明确了土壤污染防治应当坚持预防为主、保护优先、分类管理、风险管控、污染担责、公众参与的原则，为中国开展土壤污染防治工作，扎实推进净土保卫战提供了法治保障。2019 年 1 月，《土壤污染防治法》正式实施，迈出了依法防治土壤污染、贯彻落实"土十条"的重要一步。

◎ "无废城市"试点

2019 年 1 月，国家出台了《"无废城市"建设试点工作方案》。方案指出，"无废城市"是以创新、协调、绿色、开放、共享的新发展理念为引领，通过推动形成绿色发展方式和生活方式，持续推进固

2020 年 11 月 24 日，青海省西宁市康西"无废"市场外，回收店工作人员将商户们收集的纸箱装车运往废品回收站。

2011 年 4 月 24 日，深圳必胜客和深圳大学环保志愿者联合举行培养绿色小超人活动，教育孩子们进行垃圾分类、废品再利用等。

体废物源头减量和资源化利用，最大限度减少填埋量，将固体废物环境影响降至最低的城市发展模式。随后，生态环境部决定将深圳、包头、许昌、徐州、盘锦、西宁、铜陵、威海、重庆市（主城区）、绍兴、三亚等 11 个城市作为"无废城市"建设试点，同时，将河北雄安新区、北京经济技术开发区、中新天津生态城、福建省光泽县、江西省瑞金市作为特例，参照"无废城市"建设试点一并推动。试点工作启动后，各地都探索符合本地实际的"无废城市"建设模式，如深圳市生活垃圾"分类收集减量 + 分流收运利用 + 全量焚烧处置"模式、包头市以政策驱动和科技引领推动工业固体废物多元化综合利用模式、三亚市"制度引领 + 源头减量 + 陆海统筹 + 公众参与 + 国际合作"模式、重庆市"五个结合"构建"无废城市"建设全民行动体系模式、中新天津生态城深化多层次多领域交流，树立"无废城市"建设国际合作典范模式等。

以深圳市为例，深圳市面积约 1997 平方千米，管理人口却超过 2000 万，各类固体废物每天产生量高达 44 万吨，固废治理显得尤为迫切。深圳市严格按照"分类投放、分类收集、分类运输、分类处理"的要求，积极探索"治废"新路径，力争将深圳打造成为超大型城市固废治理样板。在前端分类上，以"可回收物、厨余垃圾、有害垃圾和其他垃圾"四类为基础，按照"大分流，细分类"的具体推进策略，对产生量大且相对集中的餐厨垃圾、果蔬垃圾、绿化垃圾实行大分流，对居民产生的家庭厨余垃圾、玻金塑纸、废旧家具、废旧织物、年花年橘和有害垃圾进行细分类。在收运处理上，对不同类别的垃圾，委托不同的收运处理企业，做到专车专运、分别处理。深圳还建成投产宝安、龙岗、南山、平湖、盐田 5 个能源生态园，生活垃圾焚烧能力达到 1.8 万—2.0 万吨/日，原生生活垃圾实现全量焚烧和零填埋，生活垃圾 100% 无害化处置。2021 年 3 月，深圳生活垃圾产量 32292 吨/日，全市生活垃圾分流分类回收量达到 9636 吨/日，其他垃圾量 15356 吨/日，市场化再生资源量达到 7300 吨/日，生活垃圾回收利用率达到 41%。

◎ 土壤污染综合防治先行区建设

2017 年，国家《关于加强土壤污染综合防治先行区建设的指导意见》确定了 6 个方面的基本建设条件和 8 个方面的量化建设指标，指导各先行区在土壤污染源头预防、风险管控、治理与修复等方面开展示范先行。

浙江省台州市是中国有名的"原料药之都""中国再生金属之都""城市矿山""中国制造业之都"等，医化、废五金拆解、电镀等支柱行业在推动经济高速发展的同时，也导致土壤遭受重金属和有机物的严重污染。

为了加强土壤污染防治，改善土壤环境质量，台州市专门成立了

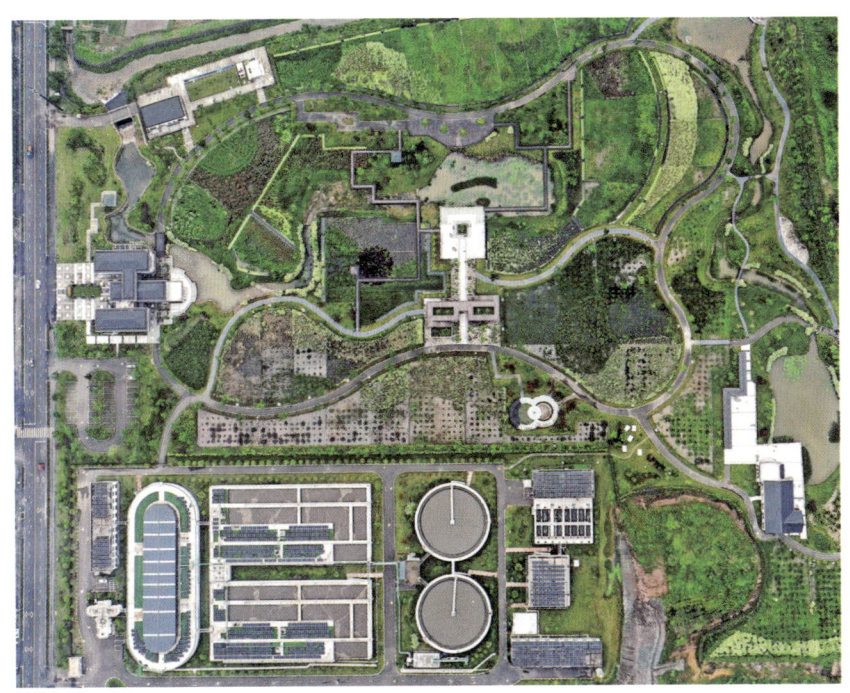

浙江省台州市仙居县污水处理厂及配套建设的生态湿地公园

土壤污染状况详查工作协调小组和技术组，农业农村部门、生态环境部门分工牵头负责农用地土壤污染状况详查和重点行业企业用地土壤污染状况调查工作，构建土壤污染防治工作的基础"数据库"，摸清土壤污染的系统性和内在规律，为全面实施土壤污染防治行动计划提供科学依据。

台州市医化、电镀、拆解、印染、造纸等重点行业企业约有1300家，还有相当数量的"散乱污"企业，这些企业的"三废"排放成为土壤污染的重大隐患和风险。台州市通过分行业采取"关停一批、打击一批、整治一批、入园一批"的综合措施，深入推进重点行业"退转升"和产业生态化，打好污染防治攻坚战，强化源头预防，控制和消除土壤污染源，全方位切断工业污染进入土壤的途径，消除污染"风险点"。

2020 年 9 月 7 日，浙江省台州市仙居县农民为生态稻田里的晚稻喷洒环境友好型生物农药。

　　台州市还通过实施分类管控，全方位守住土壤环境安全底线。首先是加强土壤环境空间红线管制。全市共划分自然生态红线区、生态功能保障区、农产品安全保障区、人居环境保障区、环境优化准入区和环境重点准入区六大类环境功能区，再细分为 264 个小区，明确了每个小区的土壤环境质量目标和管控措施要求，严守生态保护红线、环境质量底线、资源利用上线。其次是积极探索建立受污染耕地分类管控模式。台州市率先完成温岭市泽国镇全镇域范围 44233 亩农用地土壤质量类别划定试点：划定优先保护类耕地 38000 亩，作为永久基本农田实施严格保护；划定安全利用类耕地 5460 亩，采取农艺调控、替代种植等措施，降低食用农产品土壤污染超标风险；划定风险管控类重度污染耕地 773 亩，通过种植结构调整、治理修复、集中处置、

2021 年 2 月 17 日，浙江省台州市仙居县埠头镇生态农业园，农民展示采摘的羊肚菌。

生态补偿等措施，实施风险管控。

　　台州市统筹推进先行区建设后，遏制了土壤污染加重的趋势，土壤环境风险得到有效管控，土壤环境质量总体保持稳定，农用地和建设用地土壤环境安全得到基本保障，土壤污染防治制度创新初见成效，土壤环境管理体系基本建成。截至 2018 年底，台州市没有发生因土壤污染引发的食用农产品农药残留超标事件，污染地块安全利用率为100%，保障了农产品质量和人居环境安全，确保老百姓吃得放心、住得安心。

◎禁止洋垃圾入境

　　20 世纪 80 年代以来，为缓解原料不足，中国开始从境外进口可用作原料的固体废物；同时，为加强管理，防范环境风险，逐步建立了较为完善的固体废物进口管理制度体系。近年来，各地区、各有关部门在打击洋垃圾走私、加强进口固体废物监管方面做了大量工作，取得一定成效。但是由于一些地方仍然存在重发展、轻环保的思想，

2020年9月16日，杭州海关关员清点查验2920千克禁止进口固体废物，并依法退运。

部分企业为谋取非法利益不惜铤而走险，洋垃圾非法入境问题屡禁不绝，严重危害人民群众身体健康和中国生态环境安全。

2017年中国发布的《禁止洋垃圾入境 推进固体废物进口管理制度改革实施方案》提出要严格固体废物进口管理，2017年底前全面禁止进口环境危害大、群众反映强烈的固体废物，2019年底前逐步停止进口国内资源可以替代的固体废物；通过持续加强对固体废物进口、运输、利用等各环节的监管，确保生态环境安全；保持打击洋垃圾走私高压态势，彻底堵住洋垃圾入境；强化资源节约集约利用，全面提升国内固体废物无害化、资源化利用水平，逐步补齐国内资源缺口，为建设美丽中国和全面建成小康社会提供有力保障。

自禁止"洋垃圾"进口改革方案实施以来，固体废物进口量逐年大幅减少。2017年、2018年和2019年，全国固体废物进口量分别为4227万吨、2263万吨和1348万吨，与方案提出前的2016年的4655

万吨相比，分别减少 9.2%、51.4% 和 71%。2020 年，截至 11 月 15 日，全国固体废物进口总量 718 万吨，同比减少 41%。2020 年 4 月，全国人大常委会修订通过的《中华人民共和国固体废物污染环境防治法》明确提出"禁止中华人民共和国境外的固体废物进境倾倒、堆放、处置"，"国家逐步实现固体废物零进口"。2020 年，海关全年立案侦办走私废物犯罪案件 217 起，与 2019 年同期相比下降 41.7%；同时，严厉打击象牙等濒危物种、野生动植物及其制品走私，通过开展"护卫 2020"专项行动，全年查获各类濒危物种、野生动植物及其制品 156.1 吨。自 2021 年 1 月 1 日起，中国禁止以任何方式进口固体废物。

第 五 章

推进生态修复和生态保护

　　遵循山水林田湖草系统治理的理念，中国通过实施三北防护林、天然林保护、退耕还林还草、荒漠化防治等生态修复工程，通过推进自然保护区和国家公园体制建设、推进生态保护红线划定工作以及加强生物多样性保护等，促使生态质量稳中有升，生态空间得到保障，生态功能逐步改善，从而维护了国家生态安全。

实施生态修复工程建设

◎推进三北防护林工程建设

三北（东北、华北、西北）地区分布着中国的八大沙漠、四大沙地和广袤的戈壁，总面积达 149 万平方千米，约占全国风沙化土地面积的 85%。从 20 世纪 60 年代初到 70 年代末的近 20 年间，共有 669 万公顷土地沙漠化；1300 多万公顷农田遭受风沙危害；1000 多万公

辽宁省彰武县章古台镇樟子松人工固沙林

顷草场发生沙化、盐渍化，牧草严重退化；数以百计的水库变成沙库。

为了改善生态环境，减少自然灾害，维护生存空间，1978年11月，国务院批转《国家林业总局关于在三北风沙危害和水土流失重点地区建设大型防护林的规划》，正式启动三北防护林工程。三北工程建设范围涵盖中国北方13个省（自治区、直辖市）的551个县（旗、市、区），建设总面积406.9万平方千米，占中国国土面积的42.4%。从1978年开始到2050年结束，历时73年，分三个阶段八期工程进行。目前，三北工程建设已顺利完成前四期建设任务，正在实施第五期工程。

2018年是三北工程建设40周年。11月，习近平对三北工程建设作出重要指示，强调：三北工程建设是生态文明建设的一个重要标志性工程。经过40年不懈努力，工程建设取得巨大生态、经济、社会效益，成为全球生态治理的成功典范。要坚持久久为功，创新体制机制，完善政策措施，持续不懈推进三北工程建设，不断提升林草资源总量和质量，持续改善三北地区生态环境，巩固和发展祖国北疆绿色生态屏障，为建设美丽中国作出新的更大的贡献。12月，国务院新闻办公室发布了《三北防护林体系建设40年综合评价报告》。报告显示：三北防护林工程累计完成造林面积4614万公顷，是规划造林任务的118%。工程成效显著：三北工程区森林面积净增加2156万公顷，森林蓄积量净增加12.6亿立方米，区域生态环境质量得到明显改善；水土流失面积相对减少67%，其中，防护林贡献率达61%，水土流失治理成效显著；农田防护林有效改善了农业生产环境，提高低产区粮食产量约10%；在风沙荒漠区，防护林建设对减少沙化土地的贡献率约为15%；生态系统固碳累计达到23.1亿吨，相当于1980—2015年全国工业二氧化碳排放总量的5.23%；三北工程吸纳农村劳动力3.13亿人，累计接待游客3.8亿人次，特色林果业、森林旅游经济等对群众稳定脱贫贡献率达到27%，促进了区域经济社会综合发展。

◎推进天然林保护工程建设

自 1998 年长江流域及松花江、嫩江流域发生特大洪灾后，中国决定在 12 个省区市开展天然林资源保护工程试点，2000 年在 17 个省区市正式启动天保工程。2000—2010 年，天保工程一期基本完成了各项任务，大片天然林得到恢复发展。为了巩固保护工程的成果和提升森林质量，国家决定从 2011 年到 2020 年实施天保工程二期。

天保二期工程实施以来已取得显著进展。2014 年，国家林业局发布的第八次全国森林资源清查结果（2009—2013 年）显示：天然林面积从原来的 11969 万公顷增加到 12184 万公顷，增加了 215 万公顷；天然林蓄积从原来的 114.02 亿立方米增加到 122.96 亿立方米，增加了 8.94 亿立方米。"十三五"以来，中央不断加大对天然林保护的政策支持和资金投入力度，天然林保护资金投入达 2400 亿元，占中央财政林草业总投资的 40% 以上，天然林面积净增 8895 万亩，蓄积量净增 13.75 亿立方米，天然林全部纳入保护范围，实现了森林资源

新疆库车塔里木乡的天然胡杨林

重庆垫江宝鼎山林场的护林员正在巡山。

面积和蓄积双增长，天然林资源质量逐步提升，生态功能显著增强。"十三五"期间，天然林保护顶层设计有序推进，在全国范围内取消了天然林商业性采伐指标。全国已建立起近700万人参与的天然林管护队伍，在国有林区建设管护站点3.2万个。各地综合运用物联网、远程监控和无人机等各种智能软硬件技术对天然林资源加强保护。2019年国家林业和草原局公布的第九次全国森林资源清查数据显示，中国森林植被总碳储量91.86亿吨，其中80%以上的贡献来自天然林。五年来，天然林区蓄水保土能力显著增强，天保工程区退化的森林植被逐步得到恢复和重建，生物多样性日益丰富。天保工程区实现了从以木材生产为主向生态建设和资源综合利用的快速转变。

◎ 推进退耕还林还草工程建设

退耕还林还草是治理中国水土流失和土地沙化的重大生态修复工程。1999年，四川、陕西、甘肃三省率先开展了退耕还林试点。2002

随着甘肃山丹马场退耕还草还林工程的实施，草原生态环境得到改善，曾经绝迹的黄羊重现草原。

年1月10日，国务院西部开发办公室召开退耕还林工作电视电话会议，确定全面启动退耕还林工程。同年4月11日，国务院发出《国务院关于进一步完善退耕还林政策措施的若干意见》。2002年12月6日，国务院第66次常务会议通过《退耕还林条例》，标志着退耕还林从此步入法制化管理轨道。据统计，2008—2011年，中央财政累计共安排专项资金462亿元巩固退耕还林成果。

首轮退耕还林工程中各项建设任务进展良好，成效明显：林木保存率保持在较高水平；退耕农户口粮自给能力进一步增强；退耕农户收入快速增长；退耕农户生活方式发生明显变化；基本保障了退耕农户的长远生计问题。据统计，1999—2008年，全国累计实施退耕还林任务4.03亿亩，其中退耕地造林1.39亿亩，荒山荒地造林2.37亿亩，封山育林0.27亿亩。工程范围涉及25个省、自治区、直辖市和新疆生产建设兵团的3200万农户1.24亿农民。退耕还林工程已成为中国乃至世界上投资最大、政策性最强、涉及面最广、群众参与程度最高的一项重大生态工程。

2014 年，为解决中国水土流失和风沙危害问题、增加中国森林资源、应对全球气候变化，中国批准实施《新一轮退耕还林还草总体方案》。在新一轮退耕还林还草工程建设中，中国将退耕还林与扶贫搬迁、移民建镇、产业结构调整等结合，先行先试，统筹规划，协同推进，探索了整乡、整村、整山系、整流域退耕还林；修改了有关工程建设、检查验收、资金管理、政策兑现等方面的办法、规程和标准，逐步实现了工程建设管理制度化和规范化。

1999—2019 年，退耕还林还草工程取得了明显的进展和成效，对中国生态环境的改善发挥了重要作用。20 年中，退耕还林还草完成造林面积占同期全国林业重点生态工程造林总面积的 40.5%，森林覆盖率平均提高 4 个多百分点，一些地区提高十几个甚至几十个百分点，林草植被得到恢复，生态状况显著改善。据监测，全国 25 个工程省区和新疆生产建设兵团退耕还林每年涵养水源 385.23 亿立方米、固土 6.34 亿吨、保肥 2650.28 万吨、固碳 0.49 亿吨、释氧 1.17 亿吨、提供空气负离子 8389.38×10^{22} 个、吸收污染物 314.83 万吨、滞尘 4.76 亿吨、防风固沙 7.12 亿吨；按照 2016 年现价评估，每年产生的生态效益总价值量为 1.38 万亿元，相当于工程总投入的 2.7 倍。

退耕还林还草工程还推动了农民脱贫致富和农村经济结构调整。2016—2019 年，中国共安排集中连片特殊困难地区和国家扶贫开发工作重点县退耕还林还草任务 3923 万亩，占 4 年总任务的 75.6%。据监测，截至 2017 年底，新一轮退耕还林还草对建档立卡贫困户的覆盖率达 31.2%，其中西部地区有些县超过 50%。云南省对少数民族地区实行退耕还林还草全覆盖，安排给贫困地区和少数民族地区的任务占全省总任务量的 95.6%。贡山县独龙乡人均退耕还林 1.75 亩，2018 年农民人均可支配收入达 6122 元，是退耕前的 12 倍。同时，水土流失、风

2017 年 8 月 31 日，云南省罗平县鲁布革乡绿意盎然。

沙危害严重的劣质耕地停止耕种，恢复林草植被，促进了农业结构调整，传统农业逐步向现代农业转型，提高了农业综合生产能力。据统计，与 1998 年相比，2017 年退耕还林还草工程区和非工程区谷物单产分别增长 26.3%、15.2%，工程区明显占优；工程区粮食作物播种面积、粮食产量分别增长 9.8% 和 40.5%，而非工程区分别下降 20.6% 和 7.1%。内蒙古赤峰市、四川省凉山州、贵州省遵义市、陕西省延安市、甘肃省定西市、宁夏南部山区等退耕还林还草重点地区都实现了地减粮增。

　　实施大规模退耕还林还草在中国乃至世界上都是一项伟大创举。1999—2019 年，退耕还林还草工程为确保中国在全球森林面积和蓄积不断减少的情况下连续多年保持"双增长"和人工林保存面积长期处于世界首位作出重要贡献，推动中国提前实现了《联合国 2030 年可持续发展议程》确立的"到 2030 年实现土地退化零增长"的目标。中国的退耕还林还草工程树立了全球生态治理典范。根据美国国家航空航天局 2019 年的研究结果，2000—2017 年，全球绿色面积增加了 5%，其中中国绿色面积净增长和净增长率分别达到 135.1 万平方千米和 17.8%，均排名全球首位。根据同期数据推算，退耕还林还草工程

陕西省延安市吴起县退耕还林前后对比

贡献了全球绿色净增长面积 4% 以上。2019 年 2 月，《自然》杂志发表文章，对中国实施退耕还林还草、应对气候变化的举措作了详细介绍，呼吁全球学习中国的土地使用管理办法。

◎ 推进荒漠化防治工程建设

中国是世界上荒漠化最严重的国家之一。截至 2014 年，全国荒漠化土地面积 261.16 万平方公里，占国土面积的 27.20%，沙化土地面积 172.12 万平方公里，占国土面积的 17.93%。

中国政府历来重视沙漠化防治工作。1958年全国治沙会议上，周恩来发出"向沙漠进军"的号召，政府开始组织群众防沙治沙。从20世纪50年代到70年代，中国政府组织广大人民和科技人员在沙区进行农田防护林和防风固沙林建设，开展了大规模的防沙治沙行动。1978年改革开放后，中国开展了三北防护林体系建设工程等一大批生态工程，开启了以生态工程推动防沙治沙的重点治理阶段。进入20世纪90年代，中国政府对防沙治沙工作越来越重视。1991年，国务院办公厅批准成立全国治沙工作协调小组。同年，国务院在兰州召开全国治沙工作会议。1994年，国务院将全国治沙工作协调小组更名为中国防治荒漠化协调小组。同年，中国政府在法国巴黎签署了《联合国防治荒漠化公约》。进入21世纪，中国颁布了《中华人民共和国防沙治沙法》，出台了《国务院关于进一步加强防沙治沙工作的决定》，批准了《全国防沙治沙规划（2005—2010年）》，建立了防沙治沙目标责任考核制度，推进防沙治沙进入快速发展阶段。2012年中共十八

2020年9月14日，摄影家华维光向媒体讲述他镜头中的科尔沁沙地从随处可见的荒漠化到找沙漠也困难的巨变。

大以来，中国不断加强防沙治沙的顶层设计，启动了新一轮退耕还林、沙化土地封禁保护、京津风沙源治理等重点工程，推进了全国防沙治沙示范区建设，出台了《沙化土地封禁保护修复制度方案》，支持社会组织和企业参与防沙治沙和沙产业发展等。中国的防沙治沙工作已初步形成比较完整的法律体系、政策体系、规划体系、考核体系等，防治荒漠化进入全面推进阶段，取得了良好进展和成效。

据 2015 年第五次全国荒漠化和沙化土地监测情况发布会介绍，第五次监测结果与第四次监测（2009 年）相比有明显好转，呈现整体遏制、持续缩减、功能增强的良好态势，主要有五个特点。第一，荒漠化和沙化面积持续减少。全国荒漠化土地面积净减少 12120 平方千米，年均减少 2424 平方千米；沙化土地净减少 9902 平方千米，年均减少 1980 平方千米。第二，荒漠化和沙化程度继续减轻。荒漠化土地极重度减少 2.83 万平方千米，轻度增加 8.36 万平方千米；沙化土地极重度减少 7.48 万平方千米，轻度增加 4.19 万平方千米。第三，沙区植被状况进一步好转。2014 年沙区的植被平均盖度为 18.33%，增加了 0.7 个百分点。包括五大沙漠等在内的东部沙区植被盖度增加了 8.3 个百分点，固碳能力也相应提高了 8.5%。第四，区域风沙天气明显减少。2009—2014 年平均每年出现沙尘天气 9.4 次，较上一个监测期减少了 20.3%。第五，林沙产业快速发展。各地大力发展特色林沙产业，沙区经济林果面积已达 540 万公顷，年产干鲜果品 5360 万吨，占全国年产量的 33.9%。林果业成为沙区经济发展的重要支柱和农民群众脱贫致富的拳头产业。

2015 年 9 月，联合国大会第七十届会议通过了《2030 年可持续发展议程》。议程将"到 2030 年，防治荒漠化，恢复退化的土地和土壤，包括受荒漠化、干旱和洪涝影响的土地，努力建立一个不再出现土地退化的世界"列为重要的可持续发展目标之一。国家林业和草原局提供的数据显示，2016 年至 2020 年 6 月，中国荒漠化防治成效显著，

2017年11月18日，河南"大枣哥"张建军（左）与技术员在新疆和田沙漠上开垦出的大枣基地收获红彤彤的大枣。

全国累计完成防沙治沙任务880万公顷，占"十三五"规划治理任务的88%。经过多年治理，毛乌素、浑善达克、科尔沁和呼伦贝尔四大沙地生态状况整体改善，林草植被增加226.7万公顷，沙化土地减少16.9万公顷。中国提前实现了联合国提出的"到2030年实现土地退化零增长"的目标，土地净恢复面积全球占比18.24%，位居世界第一，为全球土地退化零增长作出了重要贡献。

中国在推进荒漠化防治进程中还涌现出了不少成功案例，库布其沙漠治理就是其中之一。库布其沙漠是中国第七大沙漠，面积1.86万余平方千米。新中国成立初期，库布其沙漠每年向黄河岸边推进数十米、流入泥沙1.6亿吨，对河套平原和黄河安澜以及沙区人民生产生活造成重大影响。经过多年艰苦治理，库布其沙漠治理面积达6000多平方千米，绿化面积达3200多平方千米，年均降雨量由不足70毫米增长到300毫米以上，沙尘天气次数减少95%，生物种类由十几种增至 100 多种，实现了由"沙逼人退"到"绿进沙退"的历史性转变，创造了荒漠变绿洲的世界奇迹。

游客在库布其沙漠游览

1999 年，途经库布其沙漠的穿沙公路建成。公路沿线曾经被大漠阻隔的 5 万多贫困人口生活条件得到大幅提高。

库布其模式作为中国环境治理的成功案例，展示了一个发展中大国主动承担生态责任的态度与行动，为世界荒漠化治理贡献了"中国智慧"。2014年，库布其沙漠生态治理区被联合国环境规划署确立为全球沙漠生态经济示范区。2015年，库布其沙漠绿化成果荣获联合国颁发的年度土地生命奖。2017年7月，在内蒙古库布其沙漠举办的第六届库布其国际沙漠论坛上，习近平发来的贺信指出，荒漠化是全球共同面临的严峻挑战。荒漠化防治是人类功在当代、利在千秋的伟大事业。中国历来高度重视荒漠化防治工作，取得了显著成就，为推进美丽中国建设作出了积极贡献，为国际社会治理生态环境提供了中国经验。库布其治沙就是其中的成功实践。联合国防治荒漠化公约秘书处副执行秘书普拉迪普·梦噶指出，库布其模式带给世界治沙事业的启示是：控制荒漠化可以保护生态系统和土地以及粮食安全、水资源安全和当地经济发展，库布其模式值得推广。2017年9月，《联合国防治荒漠化公约》第十三次缔约方大会上正式发布了《中国库布其生态财富评估报告》，高度评价了库布其沙漠治理的成效。报告指出，库布其沙漠共计修复绿化沙漠969万亩，固碳1540万吨，涵养水源243.76亿立方米，释放氧气1830万吨，生物多样性保护产生价值3.49亿元，创造生态财富5000多亿元，其中80%是生态效益和社会效益。在2018年6月举行的"库布其30年治沙成果总结暨服务'一带一路'绿色经济推进会"上，亿利集团总结了在库布其30年治沙的经验，指出，亿利坚守库布其治沙30年，创造出了沙漠绿化＋生态修复、生态牧业、生态健康、生态旅游、生态光伏、生态工业"1+6"的生态产业体系，打造出了"平台＋插头"的沙漠生态产业链，让当地农牧民拥有了"沙地业主、产业股东、旅游小老板、民工联队长、产业工人、生态工人、新式农牧民"7种新身份，带动库布其及周边群众10多万人脱贫致富。库布其以治沙带动致富的成功模式值得"一带一路"沿线国家在防治荒漠化行动中学习和借鉴。

2016 年 8 月，祖孙俩在塞罕坝机械林场内玩耍。

    河北塞罕坝林场也是荒漠化治理的典型范例。塞罕坝林场 1962 年由林业部建立。林场建设之初是广袤无垠、浩瀚无边的沙海。面对恶劣的环境，三代塞罕坝人克服重重困难，艰苦努力，建成了世界上面积最大的人工林，创造了沙漠变绿洲、荒原变林海的绿色奇迹。2016 年，与建场前相比，塞罕坝林场森林覆盖率从不到 12% 提高到 80%；森林面积扩大了 3.6 倍；林木蓄积量扩大了 29.6 倍。塞罕坝林场每年可释放氧气 54.5 万吨，涵养水源、净化水质达 1.37 亿立方米，固碳 74.7 万吨，每年提供的生态服务价值超过 120 亿元。2017 年 8 月，习近平对塞罕坝林场建设者事迹作出重要批示：55 年来，河北塞罕坝林场的建设者们听从党的召唤，在"黄沙遮天日，飞鸟无栖树"的荒漠沙地上艰苦奋斗、甘于奉献，创造了荒原变林海的人间奇迹，用实际行动诠释了绿水青山就是金山银山的理念，铸就了牢记使命、艰苦创业、绿色发展的塞罕坝精神。他号召全党全社会要坚持绿色发展理念，弘扬塞罕坝精神，持之以恒推进生态文明建设，一代接着一代干，驰而不息，久久为功，努力形成人与自然和谐发展新格局，为子孙后代留下天更蓝、山更绿、水更清的优美环境。塞罕坝林场的事迹也成为全球环境治理的"中国榜样"。2017年12月，河北塞罕坝林场建设者荣获联合国环保最高奖项"地球卫士奖"。联合国副秘书长、环境规划署执行主任埃里克·索尔海姆指出，塞罕坝林场建设者的故事激励着所有人。塞罕坝林场建设者的故事证明，退化了的环境是可以被修复的。塞罕坝林场建设者的事迹将推动全球许多地区的植树造林工作。

加强自然保护区和国家公园体制建设

◎ 推进自然保护区建设和管理

自然保护区是指对有代表性的自然生态系统、珍稀濒危野生动植物物种的天然集中分布区、有特殊意义的自然遗迹等保护对象所在的陆地、陆地水域或海域，依法划出一定面积予以特殊保护和管理的区域。

自1956年建立第一处自然保护区以来，截至2016年，中国已建立2740处自然保护区，总面积147万平方千米，其中陆域面积142万平方千米，约占中国陆地国土面积的14.8%。各类保护区中，国家级自然保护区446处，总面积97万平方千米；地方级自然保护区2294处，总面积50万平方千米。全国超过90%的陆地自然生态系统都建有具代表性的自然保护区，89%的国家重点保护野生动植物种类以及大多数重要自然遗迹在自然保护区内得到保护，部分珍稀濒危物种野外种群逐步恢复。中国已基本形成类型比较齐全、布局基本合理、功能相对完善的自然保护区体系。

2021年5月3日，广西崇左市弄岗国家级自然保护区，蓝绿鹊归巢给幼鸟喂食。

随着自然保护区体系的日益完善，"十二五"时期（2011—2015）特别是2012年中共十八大以来，国家把生态文明建设和环境保护摆上更加重要的战略位置，对自然保护区建设和管理提出更加严格的要求，涉及自然保护区的政策法规、监督执法等逐步加强，促进了自然保护区的生态修复，带动了自然保护区所在地的经济发展。

自然保护区管理政策制度日益完善。国务院印发了《国务院办公厅关于做好自然保护区管理有关工作的通知》《国家级自然保护区调整管理规定》；环境保护部完善了国家级自然保护区建立和调整评审制度、自然保护区建设项目环评制度，建立了卫星遥感监测机制，出台了《自然保护区管理评估规范》；农业部建立了省级以上水生生物自然保护区定期考核制度；国家海洋局建立了国家级海洋自然保护区定期监督检查制度；地方省份建立了省级以上自然保护区定期检查制度以及地方级自然保护区调整管理制度等。

西沙群岛永乐环礁的海洋蓝洞——"三沙永乐龙洞"

　　自然保护区执法监管力度逐步加强。2015年，环境保护部等10部门印发了《关于进一步加强涉及自然保护区开发建设活动监督管理的通知》。2016年，有关部门对陕西秦岭山麓生态屏障违规建别墅、青海木里煤田超采破坏植被、新疆卡拉麦里保护区"缩水"给煤矿让路等严重破坏自然保护区生态环境事件开展了专项核查；环保部对甘肃祁连山等6处国家级自然保护区所在地政府、省级行业主管部门及自然保护区管理局进行公开约谈。2017年，针对地方政府在国家级自然保护区勘界立标、管理机构设置、人员配备、资金保障等方面管理责任落实不到位的情况，环境保护部等七部门联合组织开展了"绿盾2017"国家级自然保护区监督检查专项行动。专项行动首次实现了对446处国家级自然保护区的全覆盖，调查处理了20800多个涉及自然保护区的问题线索，关停取缔企业2460多家，强制拆除590多万平方米建筑设施；已整改完成13100多个问题，整改完成率62.8%。这是中国自然保护区建立以来检查范围最广、查处问题最多、追查问责最严、整改力度最大的一次专项行动。此后，中国又连续开展"绿盾2018""绿盾2019"专项行动。2017—2019年，三年累计发现国家级自然保护区问题5740个，截至2019年底已完成整改3986个。

自然保护区生态修复进程加快。"十二五"期间，国家发展改革委、财政部共安排117亿元，支持国家级自然保护区开展管护能力建设、实施湿地保护恢复工程等；财政部、环境保护部实施了良好湖泊生态环境保护专项，其中涉及自然保护区累计投入64亿多元，带动社会投入162亿元。有关部门将自然保护区作为重点支持区域，实施了野生动植物保护与自然保护区建设、天然林保护、退耕还林还草等生态保护工程和草原生态保护奖补、生态保护补偿等政策，遏制了生态退化趋势；为防范矿产资源开发对自然保护区的破坏，建立并实施了矿山环境治理和生态恢复责任机制。"十三五"时期，随着对自然保护区监管力度的加强，自然保护区生态修复取得良好成效。以甘肃祁连山国家级自然保护区为例，肃南县是祁连山国家级自然保护区最大的资源主体，占祁连山北麓总面积的75%。自祁连山生态环保问题整改以来，肃南县农牧民群众保护生态环境、保护野生动物的意识不断加强，矿山企业全部关停退出，人为活动减少，植被逐渐恢复，肃南县境内野生动物种群数量明显增加。同时，肃南县还探索走出了畜牧业发展与自然承载能力相协调、相依存、相促进的"异地借牧"循环产业发展之路，实现了发展生产与保护生态"双赢"。通过"异地借牧"，肃南县草原亩产草量较2011年提高了20.6%，草原植被得到了休养，草原生态实现了有效恢复。张掖也是祁连山生态环境整治和修复的主战场。为了从根本上减少人为活动对祁连山自然保护区生态环境的破坏，张掖市累计投入资金6532.89万元，于2017年底将核心区149户484人进行了易地搬迁。

自然保护区所在地的经济发展加快。一些自然保护区所在地政府积极探索发展特色产业、开展生态旅游、实施生态保护补偿等新路径，

2015 年 10 月 11 日，羊群走过甘肃省武威市天祝县祁连山水源涵养林封禁区。

促进了本地的经济发展。如浙江省安吉县推进生态立县，改善了环境，也带动了经济发展；贵州茂兰自然保护区通过发展生态旅游，建立反哺机制，促进地区经济发展；福建武夷山自然保护区管理机构通过支持特色红茶品牌开发，在不增加种植面积的情况下，促进了茶农收入的成倍提高。

◎ **推进国家公园体制建设**

随着工业化和城镇化的快速发展，环境保护与经济开发之间的矛盾也日益突出，导致自然保护区建设和管理出现诸多问题：一些位于老少边穷地区的自然保护区为了加快经济发展，在核心区和缓冲区内盲目开发建设，导致生态系统"碎片化"；有些地区受经济利益的驱使，多次不合理调整甚至撤销自然保护区，影响了自然保护区的生态功能和价值；部分建立时间较早的自然保护区将一些村镇、农田、工矿企业划入其中，制约了自然保护区的健康发展；有些风景名胜区、森林公园、地质公园、湿地公园与自然保护区交叉重叠，存在多头管理等问题；一些自然保护区按照行政区界划建，导致同一生态系统内分设不同的自然保护区，影响了生态系统的完整性；有些自然保护区仍存在管理机构政企不分、事企不分等问题。

为了解决长期存在于中国自然保护地建设和管理中的矛盾和问题，2013 年，中共十八届三中全会首次提出建立国家公园体制。2015 年 5 月，《发展改革委关于 2015 年深化经济体制改革重点工作意见》提出，在 9 个省份开展国家公园体制试点。2015 年 9 月，中国发布的《生态文明体制改革总体方案》对建立国家公园体制提出了具体要求：加强对重要生态系统的保护和永续利用，改革各部门分头设置自然保护区、风景名胜区、文化自然遗产、地质公园、森林公园等的体制，对上述保护地进行功能重组，合理界定国家公园范围；国家公园实行更严格保护，除不损害生态系统的原住民生活生产设施改造和自然观

2016 年，福建省被确立为国家生态文明试验区，率先开展生态文明体制改革综合试验。图为福建福鼎高山果园和茶园。

光科研教育旅游外，禁止其他开发建设，保护自然生态和自然文化遗产原真性、完整性。2016年1月26日，习近平在中央财经领导小组第十二次会议上明确指出：要着力建设国家公园，保护自然生态系统的原真性和完整性，给子孙后代留下一些自然遗产；要整合设立国家公园，更好保护珍稀濒危动物。2017年1月，中国发布《东北虎豹国家公园体制试点方案》《大熊猫国家公园体制试点方案》。2017年6月，中国第一个体制试点国家公园三江源国家公园设立。2017年8月19日，东北虎豹国家公园管理局在吉林长春成立，这是中国首个由中央直接管理的国家公园管理机构。2017年9月，《祁连山国家公园体制试点方案》发布。同月，中国发布《建立国家公园体制总体方案》（以下简称《总体方案》），明确指出，国家公园是指由国家批准设立并主导管理，边界清晰，以保护具有国家代表性的大面积自然生态系统为主要目的，实现自然资源科学保护和合理利用的特定陆地或海洋区域。国家公园是中国自然保护地的最重要类型之一，属于全国主体功能区规划中的禁止开发区域，纳入全国生态保护红线区域管控范围，实行最严格的保护。关于建成统一规范高效的中国特色国家公园体制，《总体方案》给出了时间表：到2020年，建立国家公园体制试点基本完成，整合设立一批国家公园，分级统一的管理体制基本建立，国家公园总体布局初步形成；到2030年，国家公园体制更加健全，分级统一的管理体制更加完善，保护管理效能明显提高。2017年11月，中共十九大从加快生态文明体制改革、建设美丽中国高度，进一步提出了构建国土空间开发保护制度，完善主体功能区配套政策，建立以国家公园为主体的自然保护地体系的改革要求。2018年1月，《三江源国家公园总体规划》正式印发。2018年3月，中共中央印发《深化党和国家机构改革方案》，明确提出组建国家林业和草原局，加挂国家公园管理局牌子，将由相关部门负责的自然保护区、风景名胜区、自然遗产、地质公园、海洋保护区、森林公园、湿地公园等管理职责

2020年12月16日，在三江源国家公园长江源园区可可西里管理处索南达杰保护站藏羚羊"幼儿园"内，"奶爸"正在给小藏羚羊喂牛奶。

划转国家林业和草原局统一管理，这是国家加快推动山水林田湖草整体保护、系统修复和综合治理的重大决策和部署。2018年4月，《中共中央　国务院关于支持海南全面深化改革开放的指导意见》指出，研究设立热带雨林等国家公园。2019年6月，中国政府出台了《关于建立以国家公园为主体的自然保护地体系的指导意见》，提出要建成中国特色的以国家公园为主体的自然保护地体系，推动各类自然保护地科学设置，建立自然生态系统保护的新体制新机制新模式，建设健康稳定高效的自然生态系统，为维护国家生态安全和实现经济社会可持续发展筑牢基石，为建设富强民主文明和谐美丽的社会主义现代化强国奠定生态根基。

2014年以来，中国积极开展国家公园建设，在三江源、东北虎豹、大熊猫、祁连山、神农架、武夷山、钱江源、南山、普达措、北京长城等试点区进行的国家公园体制试点取得积极成效。近年来，涉及12

神农架金丝猴

个省份的 10 个国家公园体制试点按照中央和有关部门批复的方案及总体规划有序推进，各试点省份及试点单位在探索跨部门、跨区域管理体制和规范高效的运行机制方面进行了有益探索。三江源、东北虎豹、神农架、南山、钱江源、武夷山、普达措等试点区相继成立了国家公园管理局或管委会，对原有各类保护地机构、编制、人员进行整合。《云南省国家公园管理条例》《三江源国家公园条例（试行）》《神农架国家公园保护条例》等相继出台，相关配套管理制度陆续实施。通过国家公园体制试点，包括"成立统一管理机构""建立自然资源产权体系""建立生态保护补偿制度"等在内的可复制和可推广的经验逐步形成，为全面铺开国家公园体制建设打下了良好基础。据统计，截至 2019 年底，中国共有国家公园体制试点 10 个，涉及青海、吉林、黑龙江、四川、陕西、甘肃、湖北、福建、浙江、湖南、云南、海南等 12 个省份，总面积约 22 万平方千米，占国土面积的 2.3%。10 个试点区把生态保护摆在第一位，将各级各类自然保护地整合划入国家公园试点区，实行统一管理、整体保护和系统修复，已经取得明显成效。东北虎豹试点区"天地空"一体化监测体系覆盖5000平方千米；武夷山试点区完成生态修复6500亩，整治违法违规茶山7300亩，拆除违规建筑39处；大熊猫试点区实施生态修复和栖息地恢复工程，建设大熊猫野化放归基地，恢复大熊猫栖息地近4万亩；三江源、普达措试点区的矿权和水电等开发企业已全部退出，祁连山、大熊猫、南山等试点区的开发企业退出数量超过50%；神农架试点区组建综合执法大队，实现园区内自然资源综合执法。

推进生态保护红线划定工作

近年来，随着工业化和城镇化的快速发展，资源约束压力持续增大，生态系统退化依然严重，已建各类保护区存在空间上交叉重叠、布局不够合理、生态保护效率不高等问题，不利于形成保障国家与区域生态安全和经济社会协调发展的空间格局。

长江西陵峡北岸湖北宜昌市夷陵区境内的自然生态风光

生态保护红线是指在自然生态服务功能、环境质量安全、自然资源利用等方面需要实行严格保护的空间边界与管理限值，通常包括具有重要水源涵养、生物多样性维护、水土保持、防风固沙、海岸生态稳定等功能的生态功能重要区域，以及存在水土流失、土地沙化、石漠化、盐渍化等问题的生态环境敏感脆弱区域。划定生态保护红线，有助于优化国土空间开发格局，引导人口分布、经济布局与资源环境承载能力相适应，改善和提高生态系统服务功能，维护国家生态安全。

2014年1月，环保部印发了《国家生态保护红线－生态功能基线划定技术指南（试行）》，内蒙古、江西、湖北、广西等地被列为生态红线划定试点。经过一年的试点试用、地方和专家反馈、技术论证，2015年5月，环保部印发了《生态保护红线划定技术指南》，指导全国生态保护红线划定工作。2015年11月，环保部印发了《关于开展生态保护红线管控试点工作的通知》，选择江苏、海南、湖北、重庆和沈阳开展生态保护红线管控试点，指导试点地区在生态保护红线区环境准入、绩效考核、生态补偿和监管等方面进行探索。2017年2月，中国政府发布《关于划定并严守生态保护红线的若干意见》（以下简称《意见》），要求2017年底前，京津冀区域、长江经济带沿线各省（直辖市）划定生态保护红线；2018年底前，其他省（自治区、直辖市）划定生态保护红线；2020年底前，全面完成全国生态保护红线划定，勘界定标，基本建立生态保护红线制度。《意见》还明确了生态保护红线的划定范围，指出：要按照保护需要和开发利用现状，将生态保护红线落实到地块，明确生态系统类型、主要生态功能，通过自然资源统一确权登记明确用地性质与土地权属，形成生态保护红线全国"一张图"；在勘界基础上设立统一规范的标识标牌，确保生态保护红线落地准确、边界清晰。2017年7月，环保部、国家发展改革委共同印发《生态保护红线划定指南》。

中国各省的生态保护红线划定工作逐步推进。江苏省在全国率先

2018 年 1 月 17 日，海南三亚园林工人正在违法建设的"三亚小洲岛度假酒店"项目原址进行土地复绿。

制定出台省级生态红线区域保护规划，划出 15 种类型生态红线区域，出台补偿政策和管控制度。天津市明确提出，生态保护红线区内禁止一切与保护无关的建设活动，黄线区内从事各项建设活动必须经市政府审查同意。北京市作出规定，生态保护红线内严禁不符合主体功能定位的各类开发活动，严禁任意改变用途，确保生态功能不降低、面积不减少、性质不改变。生态保护红线划定后，只能增加，不能减少。2017 年底，京津冀、长江经济带省市和宁夏等 15 省份完成了生态保护红线划定方案。京津冀生态保护红线面积比例为 20.34%，长江经济带为 25.33%，宁夏为 24.76%。15 省份生态保护红线总面积约占其国土面积的 24.85%。2018 年 6 月，《中共中央 国务院关于全面加强生态环境保护 坚决打好污染防治攻坚战的意见》进一步提出了全国生态保护红线面积占比达到 25% 左右的目标。2019—2020 年，中国政府相继出台了《关于在国土空间规划中统筹划定落实三条控制线的指导意见》《生态保护红线监管技术规范保护成效评估（试行）》《生态保护红线监管指标体系（试行）》等生态保护红线管控政策，有序推进生态保护红线监管体系建设。同时，依托生态保护红线监管平台，中国开展了秦岭、川藏铁路沿线、海南岛岸线、环渤海岸线等重点区域的遥感监测工作，发挥了很好的监督支撑作用。

加强生物多样性保护

丰富多样的生物资源，是地球经过数十亿年演化的结果。生物为人类提供食物、纤维、药物、工业原料等，生物多样性关系人类福祉，是人类赖以生存和发展的重要基础。全球 GDP 的一半以上（约合 44 万亿美元）部分或高度依赖自然资源的贡献。生物多样性一旦大幅减少，生态系统的稳定性就会遭到破坏，人类可持续发展就会受到影响。2019 年 4 月，生物多样性和生态系统服务政府间科学政策平台提交的报告中说：到 2020 年，20 个"爱知生物多样性目标"仅有 4 个目标部分取得了进展，大多数目标无法实现。当前，全球物种灭绝速度不断加快，生物多样性丧失和生态系统退化对人类生存和发展构成重大威胁。

2018 年 1 月，黑龙江扎龙丹顶鹤保护基地，丹顶鹤正在跟饲养员玩耍。

中国是生物多样性大国，但中国生物多样性保护形势也不容乐观。以生物遗传资源为例，20世纪50年代，中国各地农民种植水稻地方品种达46000多个，至2006年，全国种植水稻品种仅1000多个，且基本为育成品种和杂交稻品种。农作物野生近缘种的分布范围也不断缩小，中国野生稻原有分布点中的60%—70%现已消失或大面积萎缩。同时，中国脊椎动物濒危程度高于全球平均水平。生态系统的脆弱化和生物多样性的丧失，对中国经济、粮食安全以及人们的健康和生活质量造成重要影响。2020年，习近平在联合国生物多样性峰会上发表讲话时强调："当前，全球物种灭绝速度不断加快，生物多样性丧失和生态系统退化对人类生存和发展构成重大风险。新冠肺炎疫情告诉我们，人与自然是命运共同体。我们要同心协力，抓紧行动，在发展中保护，在保护中发展，共建万物和谐的美丽家园。"

中国历来高度重视生物多样性保护，是首先批准《生物多样性公约》的国家之一。近年来，中国颁布了《中华人民共和国生物安全法》，修订了《中华人民共和国动物防疫法》《中华人民共和国野生动物保护法》《中华人民共和国渔业法》等法律法规，全国人大常委会表决通过了《全国人民代表大会常务委员会关于全面禁止非法野生动物交易、革除滥食野生动物陋习、切实保障人民群众生命健康安全的决定》，生物多样性法律法规体系日趋完善；划定并严守生态保护红线，为至少25%的陆地和海洋面积提供了严格保护，涵盖了95%珍稀濒危物种及其栖息地和近40%的水源涵养、洪水调蓄功能以及32%的防风固沙功能，固碳量约占全国的45%；实施了大熊猫等濒危物种和极小种群野生植物的系列专项保护规划或行动方案，建立250处野生动物救护繁育基地，促进了大熊猫、朱鹮等300余种珍稀濒危野生动植物种群的恢复与增长。大熊猫野生种群从20世纪七八十年代的1114只增加到1864只，藏羚羊野外种群恢复到30万头以上，濒临灭绝的野马、麋鹿重新建立起野外种群。同时，中国基本完成了苏铁、棕榈和原产

西藏羌塘腹地的野驴

中国的重点兰科、木兰科植物等珍稀野生植物的种质资源收集保存。

近年来，中国还累计投入中央财政资金近 4 亿元，组织 267 家科研院所 2000 余名科研人员实施了生物多样性调查与评估、观测网络建设两项任务。当前，全国 2376 个县级行政单元、观测样线长超过 3.4 万千米的物种分布数据库已建成，数据总量达 3.5 TB。该数据库是目前国内较为全面和准确的野生动植物空间分布数据库。全国生物多样性观测网络初步形成，每年可获得 70 余万条观测数据。生物多样性调查基本摸清了中国生物多样性状况。全国划定的 32 个陆地、3 个海域共 35 个生物多样性保护优先区域，约占中国陆地国土面积的 29%，维管植物数占全国总种数的 87%，野生脊椎动物占全国总种数的 85%。同时，调查中还发现了新种和新纪录种 50 余个。生物多样性调查健全和丰富了中国生物多样性"家谱"。

同时，中国还联合多方力量共建共管开展生物多样性保护。2020年 4 月 13 日，由《生物多样性公约》第十五次缔约方大会（COP15）

筹备工作执行委员会办公室指导，中华环境保护基金会、山水自然保护中心和蚂蚁集团联合发起的号召社会各界人士以绿色生活、绿色能量在线上参与支持的"人人一平米 共同守护生物多样性"活动正式启动。在支付宝"蚂蚁森林"，网友使用350克绿色能量就能兑换和守护1平方米嘉塘公益保护地，后续由蚂蚁集团捐资支持该地区的生物多样性保护工作，中华环境保护基金会、山水自然保护中心将以社区共管方式，与三江源国家公园共同守护区内的珍稀动植物。蚂蚁森林自2016年8月27日上线以来，已经在中国生物多样性保护优先区建设了10个保护地，以互联网的方式号召公众关注生物多样性保护；为大熊猫、金丝猴、华北豹、朱鹮等数十种濒危物种建立公益保护地，总保护面积超过345平方千米。2021年2月6日，位于三江源生物多样性保护优先区域总面积160平方千米的嘉塘保护地在支付宝蚂蚁森林平台上全部兑换完毕。此次活动历时300天，累计兑换量1.6亿人次，实际参与人数超过1亿人。

陕西汉中洋县的朱鹮

第六章　参与全球生态环境治理

　　近年来，中国在全球生态环境治理中发挥了越来越重要的作用。中国已批准加入 30 多项与生态环境有关的多边公约或议定书，加强应对气候变化的国际谈判和国际合作，成为全球生态文明建设的重要参与者、贡献者。同时，中国还积极推动绿色"一带一路"建设，坚持资源节约和环境友好原则，将生态环保融入"一带一路"建设的各方面和全过程，让绿色发展成果惠及各国人民。

参与和推动全球气候治理

◎ 积极参与气候变化的国际谈判

1992 年，《联合国气候变化框架公约》（以下简称《公约》）获得通过，标志着应对气候变化国际合作的基础初步建立。《公约》明确了应对气候变化的目标和国际合作应遵循的原则。1997 年，在《公约》第三次缔约方大会上达成《京都议定书》（以下简称《议定书》）；《议定书》确立了发达国家"自上而下"强制减排机制，是首个具有法律约束力的国际气候协议。2007 年，中国在巴厘岛联合国气候变化谈判会议上提出最晚于 2009 年底谈判确定发达国家 2012 年后的减排指标、切实将《公约》和《议定书》中向发展中国家提供资金和技术转让的规定落到实处等建议，为巴厘路线图的形成作出了实质性贡献。2009 年，中国在哥本哈根会议上公布了《落实巴厘路线图——中国政府关于哥本哈根气候变化会议的立场》，并就加强《公约》的全面有效实施以及发达国家在《议定书》第二承诺期进一步量化减排指标等方面阐明了立场。2015 年 12 月，《联合国气候变化框架公约》近 200 个缔约方在巴黎气候变化大会上一致通过了《巴黎协定》。中国在巴黎会议上全面阐述了全球气候治理中国方案，积极宣传中国应对气候变化的政策和行动。2016 年 11 月，《巴黎协定》正式生效，这是继《议定书》后第二份有法律约束力的全球气候协议，对 2020 年后全球应对气候变化行动作出了安排。2018 年 4 月的联合国气候变化波恩会议上，在《巴黎协定》实施细则谈判进程中，中国就国家自主贡献、适应、透明度、遵约、能力建设等议题提出多轮中国提案，就"塔拉诺阿对话"提交中国提案。2018年12月，联合国气候变化卡托维兹会议召开期间，中国在"77国集团＋中国""基础四国""立场相近发展中国家"内部加强沟通协调，中国在气候大会上的引导力得到了与会各方的认可。波兰环境部部长科瓦尔赤克指出，全世界都关注中国在气候变化大会上发挥的重要建设性作用。2019年9月，联合国气候行动峰会在联合国总部召开。中国政府作为峰会"基于自然的解决方案"（NBS）领域共同牵头方，与各方一道推动该领域取得积极成果，发表《基于自然的气候解决方案政策主张》，提出构建"基于自然的解决方案之友小组"后续合作平台的倡议，在全球征集了180多个行动倡议和"划定生态保护红线""一带一路"等最佳实践案例，并形成《联合国气候行动峰会NBS倡议案例汇编》在峰会期间发布；同时，

2018年12月12日，"基础四国"部长在波兰卡托维兹联合国气候大会会场内联合召开新闻发布会，共同敦促发达国家兑现资金承诺。图为发布会后四国代表合影。

积极推动将 NBS 纳入 2020 年后全球生物多样性保护框架。

除建设性参与《联合国气候变化框架公约》主渠道谈判外，中国还积极参与公约外渠道下的气候变化问题谈判磋商。2016 年，中国推动国际民航组织达成航空减排全球市场措施机制，推动《蒙特利尔议定书》缔约方会议达成削减氢氟碳化物修正案，参与国际海事组织海运温室气体减排谈判，在二十国集团、亚太经合组织、金砖国家等多边机制下积极参与和推动气候变化相关议题的讨论。2017 年 9 月，中国与欧盟、加拿大共同发起并在加拿大蒙特尔举办了首次气候行动部长级会议。2018 年 6 月，中国与欧盟、加拿大在比利时布鲁塞尔共同举办了第二次气候行动部长级会议，为气候变化多边进程注入新的政治推动力。2018 年 9 月，中国作为发起国共同设立全球适应委员会，推动适应气候变化国际合作和全球适应行动取得积极进展。中国还积极加强与各国的对话交流。中国参与"立场相近发展中国家"等磋商机制，积极与小岛国、最不发达国家和非洲集团开展对话，维护发展中国家权益；深化与发达国家对话沟通，加强中欧应对气候变化合作，推进与德国、新西兰、澳大利亚、加拿大等国的政策对话和互动，扩大共识，共同为加强国际气候变化对话合作作出贡献。

◎积极参与气候变化的国际合作

2010 年 3 月，中国颁布《应对气候变化领域对外合作管理暂行办法》，规范和促进了气候变化国际合作。近年来，中国本着"互利共赢，务实有效"的原则积极参加和推动与各国政府、国际组织、国际机构的务实合作，为促进国际社会合作应对气候变化发挥了建设性作用。

中国广泛开展与国际组织的务实合作，积极参与国际科技合作计划以及相关国际会议。近年来，中国加强了与联合国开发计划署、世界银行、欧洲投资银行、亚洲开发银行、碳收集领导人论坛、全球碳捕集和封存研究院、全球环境基金会、能源基金会等相关国际组织和

2015年9月15日，第一届中美气候领袖峰会在美国洛杉矶开幕。

机构的信息沟通、资源共享和务实合作，签署了一系列合作研究协议，实施了一批涉及气候变化的科学问题、减缓和适应、应对政策和措施等方面的研究项目；积极参与了地球科学系统联盟框架下的世界气候研究计划、国家地圈－生物圈计划、国家全球变化人文因素计划、全球对地观测政府间协调组织、全球气候系统观测计划等相关国际科技合作计划，研究成果为中国应对气候变化政策的制定提供了有益参考；积极参加了全球清洁炉灶联盟相关会议以及公约下绿色气候基金、适应基金、技术执行委员会等机构相关会议。

中国加强与发达国家在气候变化和绿色低碳发展领域的对话交流与务实合作。中国与美国、澳大利亚、新西兰、欧盟、法国、俄罗斯、韩国、德国等举行气候变化双边合作机制会议，就加强气候变化双边合作交换意见。2017年3月，国家发改委与新西兰外交贸易部签署了《中华人民共和国国家发展和改革委员会和新西兰外交贸易部关于加强气候变化合作的实施安排》，与德国开展了涵盖城市区域低碳经济、建筑节能改造、气候融资、交通需求管理等领域的合作。2018年7月，中国科技部与德国联邦教研部签署了《中华人民共和国科学技术部与德意志联邦共和国教育和研究部关于深化气候变化研究合作的联合意向声明》，与英国在适应气候变化、碳市场、低碳发展、碳捕集利用与封存等方面开展了务实合作，同欧盟、加拿大、日本、澳大利亚等开展了政策经验交流及碳市场、能效、低碳城市、适应气候变化等领域务实合作。2017年12月和2018年7月，中国－加拿大气候变化和清洁增长联合声明以及中欧领导人气候变化和清洁能源联合声明相继发表。2018年9月，中国代表团出席了由美国加州政府主办的全球气候行动峰会，同美国地方政府、企业、社会组织等就应对气候变化行动进行了广泛交流。2019年4月，第八次中欧能源对话举行，中国国家能源局与欧盟委员会签署《关于落实中欧能源合作的联合声明》，强调清洁能源合作对履行《巴黎协定》的重要意义。

中国积极推动应对气候变化南南合作。气候变化南南合作，是中国承担国际责任整体战略的重要组成部分，有助于帮助发展中国家提

2018年10月11日，中国和泰国签署澜湄合作专项基金水资源项目合作协议，中方资助泰方开展应对气候变化和水电开发项目合作机制研究。

高应对气候变化的能力，同时也能提高中国参与全球治理的能力。从实施"十二五"（2011—2015）规划以来，中国就开始制定应对气候变化领域的南南合作战略，启动了应对气候变化南南合作物资赠送项目，帮助最不发达国家、内陆发展中国家、小岛屿发展中国家等应对气候变化挑战。2015年9月，习近平在由中国和联合国共同举办的南南合作圆桌会议上宣布，未来5年中国将向发展中国家提供100个生态保护和应对气候变化项目。同年11月，习近平在气候变化巴黎大会开幕式上发表题为"携手构建合作共赢、公平合理的气候变化治理机制"的重要讲话，宣布中国将设立200亿元人民币的中国气候变化南南合作基金。2016年，中国启动了在发展中国家设立10个低碳示范区、开展100个减缓和适应气候变化项目及1000个应对气候变化培训名额的合作项目（即"十百千项目"），继续推进清洁能源、防灾减灾、生态保护、气候适应型农业、低碳智慧型城市建设等领域的国际合作，并帮助这些国家提高绿色融资能力。截至2019年9月，中国已与其他发展中国家签署30多份气候变化南南合作谅解备忘录。2019年以来，中国积极推动与柬埔寨、老挝、肯尼亚、加纳、塞舌尔的低碳示范区合作磋商和落实，推动与埃塞俄比亚、埃及、几内亚等十余国的减缓和适应气候变化物资赠送项目执行及与博茨瓦纳、乌拉圭、菲律宾等国的新项目磋商，并举办9期气候变化南南合作培训班。中国政府还通过项目实施、物资捐助、技术援助等方式，与其他发展中国家开展了气候适应、清洁能源、防灾减灾、生态保护等领域的合作项目。

推进绿色"一带一路"建设

当今世界正面临着环境污染、生态退化的严峻形势，中国不仅在国内推进绿色低碳循环发展和开展污染防治攻坚战，也希望与"一带

2018年12月6日，第十二届中国（南宁）国际园林博览会在广西南宁园博园开幕。中国44个城市、东盟及"一带一路"沿线国家19个城市参展。

一路"沿线国家共同走上绿色发展之路。绿色发展是各国共同追求的目标和全球治理的重要内容，推进绿色"一带一路"建设，是顺应和引领绿色、低碳、循环发展国际潮流的必然选择，是增强经济持续健康发展动力的有效途径。

2015年3月，《推动共建丝绸之路经济带和21世纪海上丝绸之路的愿景与行动》明确提出：要在投资贸易中突出生态文明理念，加强生态环境、生物多样性和应对气候变化合作，共建绿色丝绸之路；要促进企业按属地化原则经营管理，积极帮助当地发展经济、增加就业、改善民生，主动承担社会责任，严格保护生物多样性和生态环境。2016年6月，习近平在乌兹别克斯坦最高会议立法院的演讲中强调，要着力深化环保合作，践行绿色发展理念，加大生态环境保护力度，携手打造"绿色丝绸之路"。2017年5月，习近平在"一带一路"国际合作高峰论坛开幕式上发表主旨演讲，强调要践行绿色发展的新理念，倡导绿色、低碳、循环、可持续的生产生活方式，加强生态环保合作，建设生态文明，共同实现2030年可持续发展目标。2017年5月，中国还颁布了《关于推进绿色"一带一路"建设的指导意见》和《"一带一路"生态环保合作规划》。2019年，习近平在第二届"一带一路"国际合作高峰论坛上强调，要坚持开放、绿色、廉洁理念，把绿色作为底色，推动绿色基础设施建设、绿色投资、绿色金融，保护好我们赖以生存的共同家园。

"一带一路"倡议是构建人类命运共同体的重要实践，已成为世界上规模最大的国际合作平台。中国积极开展绿色"一带一路"建设，在开展对话交流、生态环保合作平台建设、发展绿色金融、企业履行环保责任、清洁能源发展、绿色基础设施建设等方面取得积极进展。

中国积极开展对话交流，推动形成绿色"一带一路"国际共识。2016年12月，中国环境保护部与联合国环境规划署签署了《关于共建绿色"一带一路"的谅解备忘录》，启动了"一带一路"与区域绿色发展联合研究。同月，环境保护部与深圳市政府联合举办"一带一

2018年6月26日，2018"一带一路"环保产业创新创业大会在广州举行。

路"生态环保国际高层对话会,来自"一带一路"沿线的柬埔寨、伊朗、老挝、蒙古国、俄罗斯等16个国家的高级别代表、相关国际组织和机构的代表参加会议。"一带一路"沿线国家环境相关部门代表表示,绿色"一带一路"建设是沿线各国民心所向,符合国际绿色发展的潮流。各国愿意通过环境交流与合作,共同推动"一带一路"沿线区域可持续发展。2017年5月,习近平在"一带一路"国际合作高峰论坛开幕式演讲中倡议,建立"一带一路"绿色发展国际联盟。2019年4月,"一带一路"绿色发展国际联盟在北京正式成立。联盟定位为一个开放、包容、自愿的国际合作网络,着力打造政策对话和沟通、环境知识和信息、绿色技术交流和转让三大平台,旨在进一步凝聚国际共识,推动将绿色发展理念融入"一带一路"建设,促进"一带一路"参与国家落实联合国2030年可持续发展议程。截至2019年4月,已有125家机构确定成为联盟的合作伙伴,包括意大利、新加坡、俄罗斯、老挝、斯洛伐克、以色列、肯尼亚等25个沿线国家环境主管部门,联合国环境规划署、欧洲经济委员会、工业发展组织等8个国际组织,以及相关研究机构和企业等69个外方合作伙伴。同时,2017—2019年,中国依托现有的双边、多边合作机制,以绿色"一带一路"建设为主题,开展了中国-阿拉伯国家环境合作论坛、中国东盟环保合作论坛、欧亚经济论坛生态与环保合作分会、中非环境部长对话会、生态文明贵阳国际论坛等对话交流活动,加深了各方对绿色"一带一路"的理解和共识。

中国注重加强信息支撑,完善生态环保合作信息平台建设。为了支持"一带一路"国家绿色转型、促进绿色贸易、绿色投资和绿色基础设施建设,中国开始着手建设生态环保大数据服务平台,并将其建设成为信息交流的旗舰式窗口、知识和技术的共享平台、信息支撑和决策支持平台,推动"一带一路"国家的惠益共享。截至2017年,中国已搜集整理了"一带一路"沿线10个多边和区域环保合作机制数据、36 个国家和地区的生态环保信息，并发布了"一带一路"生态环保大数据服务平台网站，推动了区域环保信息的互连、互通、互用。2018 年，中国启动了涵盖生物多样性信息和环境可持续城市两个专题的中国 – 东盟环保信息共享平台的建设工作，组建了平台工作组，制定并通过了《中国 – 东盟环境信息共享平台实施方案》。通过这一平台，中国与东盟多国在环境法规、环保制度和生物多样性等方面实现了信息共享。中国还启动了上海合作组织环保信息共享平台建设，基本完成了上海合作组织环保信息共享平台中、英、俄 3 个版本的建设，实现了上合组织各国之间环保信息的互连、互通。

中国发展绿色金融支持"一带一路"建设。近年来，中国银行业协会向 620 家中外银行会员单位发出了《中国银行业服务"一带一路"倡议书》，引领银行业服务"一带一路"建设。中国银行业金融机构也积极投身"一带一路"建设工作并取得阶段性成果。截至 2018 年末，已有 11 家中资银行在 27 个"一带一路"沿线国家设立了 71 家一级

2018 年 11 月 26 日，"一带一路"建设与绿色金融发展论坛在英国伦敦举行。

分支机构。在促进"一带一路"资金融通方面，截至 2019 年一季度，中国银行在"一带一路"沿线国家共实现授信新投放 1361 亿美元，中国银行"一带一路"重大项目库共跟进"一带一路"区域重点项目逾 600 个，充分发挥了"一带一路"首选银行作用；截至 2019 年 4 月，中国进出口银行"一带一路"执行中项目超过 1800 个，贷款余额超过一万亿元人民币；截至 2019 年 10 月，国家开发银行累计完成共建"一带一路"专项贷款合同签约 4312 亿元等值人民币，发放贷款 3105 亿元等值人民币。

中国力促"走出去"的中国企业履行环保责任。《履行企业环境责任，共建绿色"一带一路"》的倡议和《关于推进绿色"一带一路"建设的指导意见》中都强调在绿色"一带一路"建设中要推动企业履行社会责任。近年来，中国大部分企业社会责任意识不断增加，在"一带一路"国家的投资活动遵守了当地的环保法律，得到了当地政府和公众的认可。比如，中方企业承建的印度古德洛尔燃煤电站项目，2016 年获得印度推进规模发电基金会颁发的环境保护奖。巴基斯坦萨希瓦尔燃煤电站项目，二氧化硫和氮氧化物的排放量分别为 180 毫克/立方米和 300 毫克/立方米，远远低于当地排放标准。中国白俄罗斯工业园一期市政基础设施污水处理站，是白俄罗斯处理能力最强、处理工艺最先进的污水处理站。2016 年 12 月，中石油作为首批企业成员，正式响应《履行企业环境责任 共建绿色"一带一路"》倡议，承诺在对外投资和国际产能合作中严格遵守环保法规、加强环境管理。多年来，中石油坚持生产清洁能源，积极拉动"一带一路"能源合作，提出了明确的 HSE（健康、安全和环境）承诺，及时公开环保绩效，接受公众监督，在"一带一路"国家获得环保奖 30 余项。

中国致力于加快"一带一路"清洁能源产业的发展。"一带一路"建设为清洁能源产业"走出去"提供了难得的机遇。近年来，凭借着发电成本的降低和再生能源技术的进步，中国企业在"一带一路"沿

2020 年中国国际工业博览会上的中俄电力能源物联网数字孪生技术展台

线国家和地区努力开拓清洁能源市场，中国同"一带一路"沿线国家和地区开展的清洁能源产业合作也日益深入。2015 年 2 月，中国电力建设集团承建的巴基斯坦萨察尔风电项目在北京正式签署贷款协议。2015 年 5 月，中国广核集团与哈萨克斯坦国家原子能工业公司签署了《开发清洁能源合作谅解备忘录》；此外，中广核、上海电气、东方电气、金风科技、英利集团等中国企业组团赴哈萨克斯坦推介中国核电、风电、太阳能等清洁能源的发展优势，扩大与哈萨克斯坦企业的合作。2016 年 1 月，中国与沙特签署了《中国国家能源局与沙特阿卜杜拉国王核能及可再生能源城关于可再生能源合作的谅解备忘录》，共同推进中沙在清洁能源开发利用方面的互利合作。2016 年 3 月，外交部亚洲司、"一带一路"工作领导小组办公室、国家发改委外资司、各国使馆等 100 多家机构的 200 名代表参加了亚洲太阳能产业合作论坛，共同推动了清洁能源外交平台的构建和实践。2017 年 11 月，由中国国家能源集团龙源南非公司开发的德阿风电项目正式投产发电，成为中国在非洲首个集投资、建设和运营于一体的风电项目，也是南非目前最大的风力发电项目。该项目每年可为当地供应稳定的清洁电力约 7.6 亿千瓦时。2018 年 12 月，由中国华能集团建设的柬埔寨桑河二级水电站在上丁省正式竣工投产。作为共建"一带一路"的重点项目，水电站每年为当地提供近 20 亿千瓦时的清洁能源，为改善柬埔寨百姓生活、促进经济发展提供了强大动力。2019 年 3 月，由非洲开发银行出资、中国能建葛洲坝集团承建的博阿利水电站 2 号电站修复及厂房扩建项目开工。几内亚能源部部长西拉认为，实现可持续发展下电力的互联互通，使非洲自然资源、能源增值，在这个方面，中国为非洲提供了极大帮助。2020 年 3 月，作为中巴经济走廊优先实施项目、丝路基金的首个投资项目，卡洛特水电站建设工程完成进水塔全面封顶目标，预计 2021 年 12 月投入商业运营，每年能为巴基斯坦提供约 32 亿千瓦时的清洁电能，满足 500 万人用电需求。

中国持续推进"一带一路"绿色基础设施建设。《推动共建丝绸之路经济带和 21 世纪海上丝绸之路的愿景与行动》中明确指出，要强化基础设施绿色低碳化建设和运营管理。《关于推进绿色"一带一路"建设的指导意见》中也强调要加大对"一带一路"沿线重大基础设施建设项目的生态环保服务与支持。中国企业在"一带一路"的基础设施建设中，不断提升绿色化、低碳化建设水平。以肯尼亚独立以来的首条新铁路——蒙内铁路为例，该铁路全长约 480 千米，是一条采用中国标准、中国技术、中国装备建造的现代化铁路。蒙内铁路的成功修建减少了 40% 的公路二氧化碳排放，并降低了公路运输相关环境风险的发生概率，是中非"友谊之路"和"生态环保之路"。

中国将生态系统修复和保护理念融入绿色"一带一路"建设中。例如，中国企业在巴基斯坦承建卡拉公路时，在公路沿线植树近 30 万棵，植草 500 多万平方米，为当地的环境绿化作出贡献。在肯尼亚的蒙内铁路建设过程中，中国企业在铁路全线设置大型野生动物通道

2017 年 8 月 9 日，2017 年阿斯塔纳世博会在哈萨克斯坦阿斯塔纳举行，中国馆的参展主题为"未来能源，绿色丝路"。

14 处、桥梁 61 处、涵洞 600 多处，保障动物自由迁徙，让长颈鹿可以不低头、不弯腰地自由通行。2018 年启动的"一带一路"胡杨林生态修复计划提出，相关国家将建立若干个胡杨林生态修复节点，以点带线，对"一带一路"经济廊道中的重要通道开展胡杨林生态修复和防护带建设，最终建成 3 条"一带一路"胡杨林生态修复带，分别为中国西北"丝路核心区"胡杨林生态修复带、"中巴经济走廊"胡杨林生态修复带和"中国 – 中亚 – 西亚经济走廊"胡杨林生态修复带。

结　语

　　人类进入工业文明时代以来，在创造巨大物质财富的同时，也加速了对自然资源的攫取，打破了地球生态系统平衡，人与自然深层次矛盾日益凸显。近年来，气候变化、生物多样性丧失、荒漠化加剧、极端气候事件频发，给人类生存和发展带来严峻挑战。大自然是人类赖以生存发展的基本条件，如果自然遭到系统性破坏，人类生存发展就成了无源之水、无本之木。面对各类生态环境问题，人类不得不反思传统的发展路径，努力寻求一条经济社会发展和生态环境改善共赢的发展道路。近年来，许多国家实施绿色新政，绿色理念正在引领世界经济转型方向。例如，英国2018年1月出台《绿色未来：英国改善环境25年规划》，提出要通过增强自然资本（支持所有生命形态的空气、水、土壤和生态系统——长期经济增长和生产力发展的必要基础）促进生产力发展。美国2019年2月出台绿色新政，提出大幅度提高可再生能源产量和消费量，促进可再生能源产业链发展，10年内实现100%使用清洁、可再生、碳净零排放的新能源等目标。2019年12月，新一届欧盟委员会发布《欧洲绿色协议》，提出了包括提高欧盟2030年和2050年的应对气候变化目标，提供清洁、可持续及安全的能源，推动各产业向可循环模式发展，实现能源资源的有效利用等在内的八大主题行动计划，以期到2050年让欧洲成为全球首个"碳中性"循环经济体，实现社会经济高质量可持续发展。

　　绿色发展已经成为当今世界潮流，代表了当今时代科技革命和产业变革的方向，代表了人民对美好生活的向往和人类社会文明进步的方向。作为全球生态文明建设的参与者、贡献者、引领者，中国始终坚持

"绿水青山就是金山银山"等生态文明理念，以经济社会发展全面绿色转型为引领，生态文明建设取得显著成效，得到国际社会的高度评价。

"十四五"时期（2021—2025）中国进入新发展阶段，开启全面建设社会主义现代化国家新征程。深入贯彻新发展理念，加快构建新发展格局，推动高质量发展，都对加强生态文明建设提出了新的要求。2020年10月，中共十九届五中全会将"生态文明建设实现新进步"作为"十四五"时期经济社会发展主要目标之一，将"广泛形成绿色生产生活方式，碳排放达峰后稳中有降，生态环境根本好转，美丽中国建设目标基本实现"作为到2035年基本实现社会主义现代化的远景目标之一。会议公报对"推动绿色发展，促进人与自然和谐共生"作出具体部署和安排，明确要求深入实施可持续发展战略，促进经济社会发展全面绿色转型，建设人与自然和谐共生的现代化。

面对生态文明建设的新任务和新要求，当前中国生态文明建设和

2021年6月15日，位于浙江省湖州市长兴经济技术开发区的浙江埃芮克环保科技有限公司内，工人正在操控高速圆织机流水线，赶制出口到印尼的方底覆膜塑编袋订单产品。

生态环境保护工作任重道远。中国仍是发展中国家，仍在工业化、城镇化进程中，全面绿色转型的基础依然薄弱，中国以重化工为主的产业结构、以煤为主的能源结构、以公路货运为主的运输结构还没有根本改变。2019年中国三次产业增加值占GDP比重分别为7.1%、39.0%、53.9%，与欧美发达国家相比，第二产业比重依旧偏高。中国是世界上最大的能源消费国、煤炭消费国、金属消费国、矿产消费国。2019年全年能源消费约占全球的24%，煤炭消费约占全球的50%，煤炭消费量占全国能源消费总量的57%，清洁能源消费量仅占23.4%。2019年中国公路货运占货运总量的74%。中国污染排放和生态破坏的严峻形势也还没有根本改变。当前中国距离实现碳达峰目标期限已不足10年，从碳达峰到实现碳中和目标仅有30年左右，与发达国家相比，中国实现碳达峰、碳中和愿景目标也面临时间更紧、困难更多、任务异常艰巨的挑战。

面对困难和挑战，中国正在砥砺前行。当前，中国将碳达峰、碳

2021年6月19日，江苏省连云港市海州区锦屏镇农户将秸秆集中堆放，为收储运用作准备，助力碳达峰。

中和纳入生态文明建设整体布局，正在制定碳达峰行动计划，广泛深入开展碳达峰行动，支持有条件的地方和重点行业、重点企业率先达峰。中国将严控煤电项目，严控煤炭消费增长。中国已启动全国碳市场上线交易，将努力成为全球覆盖温室气体排放量规模最大的碳市场。此外，中国已决定接受《〈蒙特利尔议定书〉基加利修正案》，加强非二氧化碳温室气体管控。中国还将协同推进减污降碳，通过实施 $PM_{2.5}$ 和臭氧污染协同防控，进一步提升空气质量，加快推进二氧化碳排放达峰；统筹开展各类生态系统保护修复监管，打好污染防治攻坚战；统筹生态环境保护与经济社会发展，有效防范和化解各类生态环境风险。同时，中国将继续坚持人与自然和谐共生，坚持节约优先、保护优先、自然恢复为主的方针，按照生态系统的内在规律，统筹考虑自然生态各要素，统筹推进山水林田湖草沙综合治理、系统治理、源头治理，实现生态一体化保护与修复，增强生态系统循环能力、维护生态平衡。中国还坚定践行多边主义，努力推动构建公平合理、合作共赢的全球环境治理体系。中国将继续支持落实《联合国 2030 年可持续发展议程》，推动《联合国气候变化框架公约》和《巴黎协定》全面有效持续实施；通过多种形式的南南务实合作，帮助发展中国家提高应对气候变化能力；将在2021 年 10 月承办《生物多样性公约》第十五次缔约方大会，同各方一道推动全球生物多样性治理迈上新台阶；采取绿色基建、绿色能源、绿色交通、绿色金融等举措，加强绿色"一带一路"建设，持续造福参与共建"一带一路"的各国人民。中国还将抓住新一轮科技革命和产业变革的历史性机遇，大力发展绿色低碳经济，共同维护开放型世界经济和稳定的全球产业链，推动疫情后世界经济"绿色复苏"。

生态环境关系各国人民的福祉，中国愿同国际社会一道，以前所未有的雄心和行动，共同构建人与自然生命共同体，在绿色转型过程中努力实现社会公平正义，增加人民的获得感、幸福感、安全感，努力应对全球气候环境挑战，把一个清洁美丽的世界留给子孙后代。